JN334905

ヒラノ教授の線形計画法物語

目次

目　次

1　初めての線形計画法

二度目の入学試験

一九六〇年の六月半ば、東京大学の駒場キャンパスで、理科一類の二年生五五〇人を対象とする学科説明会が開かれた。理学部の四学科と工学部の一四学科を代表する教授による、客引きイベントである。学生たちは、ここで手に入れた情報を手掛かりに、三年生になって所属する学科を選ぶのである。

人気学科は、社会・経済状況によって年々変化する。前年のベストスリーは、理学部の物理学科、工学部の電気工学科、応用物理学科の物理工学コースで、かつては上位を占めた土木工学科や鉱山学科は定員割れ状態である。

学科所属は成績優先／第一志望優先で決まるから、人気学科に入れてもらうためには、一〇〇番以内に入っていないと安心できない。新設された電気工学科の電子工学コースに至っては、定員五人の激戦区だから、ベストテンに入っていてもはねられる恐れがある。学生たちの間で、〈理科一類には入学試験が二回ある〉と言われている所以である。

三年前の「スプートニク・ショック」が引き起こした〈理工系ブーム〉の中で、理科一類に紛れ込んだヒラノ青年は、浮かれ暮らしているうちに落ちこぼれた。

高校時代に齧った微分積分学はともかく、線形代数学は、高校の数学とは似ても似つかぬ代物だった。抽象的な定義のあと、補題・定理・証明・系が際限なく続く。〈一体これは何なんだ！〉

一学期の成績は半分が可と不可、いわゆる〈カフカ全集〉だった。このまま行けば、土木か鉱山行きだ。土木は工事現場送り、鉱山はモグラ暮らしである。それだけは御免蒙りたいと思ったヒラノ青年は、二学期に入って頑張ってみたが、一年間の平均成績は一五〇番だった。

定員五〇人の機械、応用化学、船舶なら入れてもらえそうだが、図画・工作が全く駄目で電気・機械音痴の青年には、これらの学科でうまくやっていける自信はなかった。では理学部はどうか。人気トップの物理学科には入れてもらえない。数学は嫌いではないが、脳味噌のお化けたちには太刀打ちできない。また化学や生物学には、全く興味が持てない。

自分に向いていそうな学科は、〈工学上の諸問題に対する数理的手法の応用〉を研究対象とする、「応用物理学科・数理工学コース」だけだった。

コース案内には、統計学、品質管理、数値計算法、計算機プログラミングといった科目が並んでいる。それらの中で特に興味を覚えたのは、〈企業経営や個人の意思決定に資するための数理的手法、オペレーションズ・リサーチ（ＯＲ）〉という科目である。

〈企業、経営、意思決定、数理的手法〉というキーワードを見て、電気も機械もダメな青年は、〈これならやれるかもしれない〉と考えた。

数理工学コースの代表である森口繁一教授は、全国からより抜きの秀才が集まることで知られる航空学科を卒業したあと、弱冠二一歳で専任講師に任じられた、東大工学部三〇年に一人の大秀才である。

現在の日本では、二一歳の若者が東大工学部の講師に採用されるケースは皆無である。森口教授以来の秀才と呼ばれた伊理正夫氏（後の東大教授）ですら、講師になったのは博士コースを終了した二八歳の時である。

アメリン、ブテリン問題

長期アメリカ研修から戻ったばかりの森口教授は、若々しく精悍な容貌と巧みな話術で、ヒラノ青年のハートを鷲づかみにした。「線形計画法」なるものの存在を知ったのはこの時である。

「いまここにアメリン、ブテリンという二種類の化学薬品を生産している会社があるものとします。これらの薬品を市場で販売すると、一キロ当たりそれぞれ三万円、五万円の利益が手に入ります。

一方、これを生産するためには三種類の原料が必要ですが、その供給量はそれぞれ六トン、五トン、七トンです。また、アメリン、ブテリンを一キロ生産するために必要となる原料の量は、表1に示した通りです（コラム1）。ではこの条件の下で、二つの化学薬品をどれだけ生産すれば、最も利益が大きくなるでしょうか。

アメリン、ブテリンの生産量をそれぞれxキロ、yキロとすれば、この問題は次のような形に定式化されます」

森口教授はこう言うと、五本の一次不等式のもとで、ある一次式を最大化する問題を黒板に記した。そして、その隣に五角形の図形を書いて、「最も利益が大きくなる生産量は、頂点Dで決まります」と付け加えた（図1）。ここまでに要した時間はわずか一〇分である。

「製品が二つで材料が三つのときは、図を書けば答えが求まります。では、製品や材料の数が多い時はどうでしょうか。このような、〈いくつかの一次不等式条件のもとで一次式を最大化、もしくは最小化する問題〉は、「線形計画問題（リニア・プログラミング問題）」と呼ばれていて、カリフォルニア大学のジョージ・ダンツィク教授が考案した「単体法（シンプレックス法）」を使えば、製品や原料の数が数百の場合でもうまく解くことができます」

〈数学には、こういう使い道もあるのか！〉。今では、工業高校の教科書に載っている簡単な例題

上級者向けの コラム1 ◉ 線形計画法

表 1

原料	アメリン x	ブテリン y	供給量
I	1	2	6
II	2	1	5
III	2	2	7
利益(万円)	3	5	

最大化　$3x+5y$

条件　$x+2y \leqq 6$

$2x+y \leqq 5$

$2x+2y \leqq 7$

$x \geqq 0,\quad y \geqq 0$

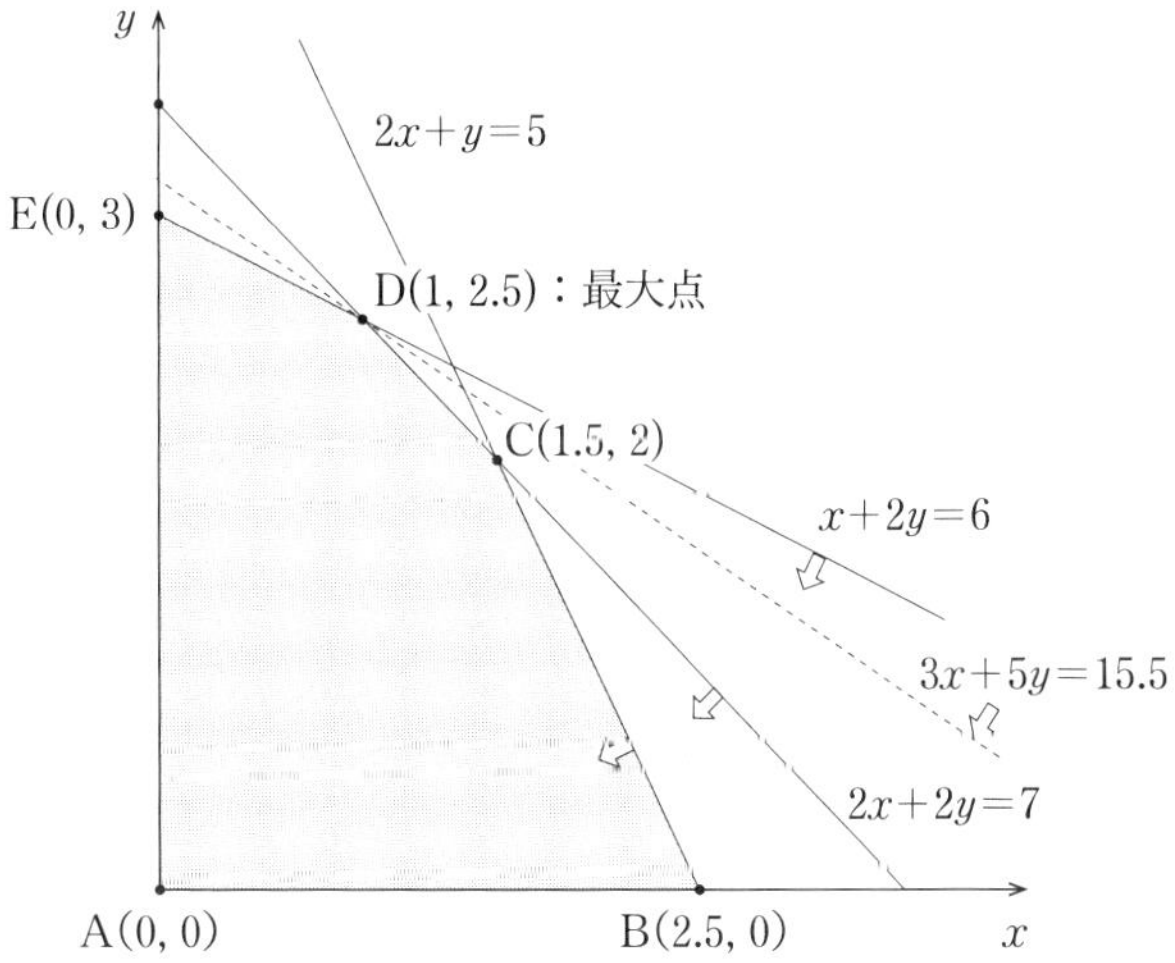

図 1

アミかけした領域が条件を満たす範囲である．詳しい説明は第 2 章 14 ページ参照.

だが、線形計画問題は、ヒラノ青年が一年余りの大学生活で知った、最も分かりやすく最も面白い問題だった。

「数理工学コースでは、まず工学上の問題を扱う上で必要になる様々な数学を勉強します。それと並行して、いま紹介した線形計画法をはじめとするオペレーションズ・リサーチ（OR）や、統計解析、品質管理、応用力学、応用幾何学、電気回路理論、数値計算法、計算機プログラミングなどを学ぶことになっています」

電気工学科志望の友人が、数理工学コースを〈その他もろもろ工学科（Department of Miscellaneous Engineering）〉と呼んだとおり、電気工学や機械工学などの伝統的学科では扱っていないもろもろのテーマを、率先して取り上げる学科なのである。

理科一類の学科振り分けは、予備申告、中間申告、最終申告の三段階方式で行われる。ヒラノ青年は予備申告も中間申告も、定員八人の数理工学コースを志望してはねられた。二回目の時の最低点は八二点だから、第三学期に九〇点以上の成績を取らなければダメである。これはどう考えても不可能な数字である。しかしヒラノ青年にとって、これ以外の選択肢はなかった。

学科所属は、成績優先／第一志望優先方式で行われるから、第一志望にはねられると、第三志望に廻される可能性がある。

〈中間申告でぎりぎりの成績で合格した学生の中には、リスクを回避すべく、志望を変更する学生が出るはずだ〉。こう考えたヒラノ青年は、一か八かの賭けに出た。

予想は的中した。ギャンブルに勝利したヒラノ青年は、八人中七番目の成績でこの学科に潜り込むことに成功したのである。

OR入門

ヒラノ青年は三年生の秋学期に、森口教授が担当する「数理工学第二」という科目で、アメリカ直輸入の「オペレーションズ・リサーチ」の手ほどきを受けた。

オペレーションとは、〈作戦〉を意味する英語である。したがって、オペレーションズ・リサーチを日本語に直訳すれば「作戦研究」になるわけだが、敗戦後の日本には軍事アレルギーがあったため、パイオニアたちはあえて日本語訳を作らず、片仮名で「オペレーションズ・リサーチ」、もしくはその頭文字を取って「OR（オーアール）」を名乗っていた。

これに対して中国人は、ORを「運籌《うんちゅう》学」と命名した（運籌とは運営を意味する言葉である）。

司馬遼太郎氏はある著書の中で、〈カタカナ名称は、いずれ消えてなくなることを想定して付けられる場合が多い。仮にそのような意図がなくても、遅かれ早かれ消滅する運命をたどる〉という趣旨のことを書いているが、カタカナ名は、オペレーションズ・リサーチを日本社会に普及させる上で、大きな障害になった。

後にORの専門家になったヒラノ青年は、一般の人から質問を受けるたびに、もどかしさを覚えた。

「ORって何ですか」

「オペレーションズ・リサーチのことです」

「オペレーション??」

「数理的手法を使って、企業や組織の経営にかかわる最適化問題を扱う学問です」

「数学ですか?」

「数学そのものではありません」

「経営学ですか?」

「数学と経営学と経済学にまたがる分野です」

「――」

結局、何もわかってもらえないまま会話は終了した。

後にヒラノ教授は、OR学会の文献賞を受賞した時の招待講演で、「ORを普及させるためには、日本語名を考案する必要がある」と主張した。言いっ放しでは無責任だと思ったので、「応用理財学」という名前を挙げた。

理財とは、〈希少な資源の有効な利用〉を意味する言葉で、明治時代には「エコノミクス」の訳語としてこの名称が使われていた。しかし、「理財学」は後に〈経世済民〉の学問「経済学」に変身したため、大蔵省理財局にその名をとどめるだけになってしまった。

「応用理財」の頭文字を並べるとORになるから、日本語名としてぴったりだと思ったが、若輩者の提案は学会のお歴々に一蹴されてしまった。ヒラノ教授は、もっと強く主張しなかったことを今でも悔やんでいる。

オペレーションズ・リサーチ(OR)は、第二次世界大戦中に、軍事作戦を立案するために開発されたさまざまな数理的手法を民生用に応用したもので、その中には、「線形計画法」、「非線形計画法」、「ゲーム理論」、「在庫管理理論」、「待ち行列理論」、「信頼性理論」、「動的計画法」、「ネットワーク・フロー理論」、「探索理論」、「決定分析」、「階層分析法(AIP)」、「データ包絡線分析(DEA)」などのテーマがある。そして、それらの中で最も早く普及したのが、この本の主役を務める「線形計画法」である。

輸送問題

森口教授の講義の中で、〈アメリン、ブテリン問題〉の次に紹介されたのは、「輸送問題」である。〈ある物資を、一〇か所の工場から一〇〇か所の倉庫に運ぶ際に、どの工場からどの倉庫にどれだけの量を運ぶと、総輸送コストが最も少なくなるか〉。これが輸送問題である(コラム2)。

最も近い工場から各倉庫に運べばいいことは明らかである。ところが、工場の生産量に限りがある場合は、二番目、三番目に近いところ、そして下手をすると、遠く離れた工場から運ばなくてはならないこともある。

第二次世界大戦の際に、ヨーロッパ各地に展開する部隊に、食料、医薬品、武器弾薬などの輸送に要するコストや時間を節約することは、軍事作戦を遂行する上できわめて重要な意味を持っていた。そして戦争が終わると、この問題は企業経営において重要な役割を果たすことになるのである。

たとえば清涼飲料水メーカーが、日本全国のマーケットで商品を販売する際に、その輸送に要するコストが利益を大きく左右する。輸送計画のプロの勘と経験に頼れば、まずまず効率的な計画を立てることができる。しかし、数十か所の工場から数百か所の倉庫に商品を輸送するような大型問題になると、勘と経験だけで最小コスト輸送方法を導き出すのは容易でない。

ところが、この問題を線形計画問題として定式化して、「単体法」もしくはそのバリエーションである「飛び石法」を当てはめると、大規模な問題でも、素早く最も安上がりな輸送方法を求めることができるのである。今では、一〇〇〇か所の倉庫から一〇〇〇か所の需要地に送るような問題でも、パソコンを使えば一分以内で解くことができる。

輸送問題の応用は、物資の輸送に限るものではない。たとえば、東京大学理科一類における学科所属問題も、〈学生を商品に、学科を倉庫に見立てれば〉、輸送問題として定式化することができる

上級者向けの コラム2 ◉ 輸送問題

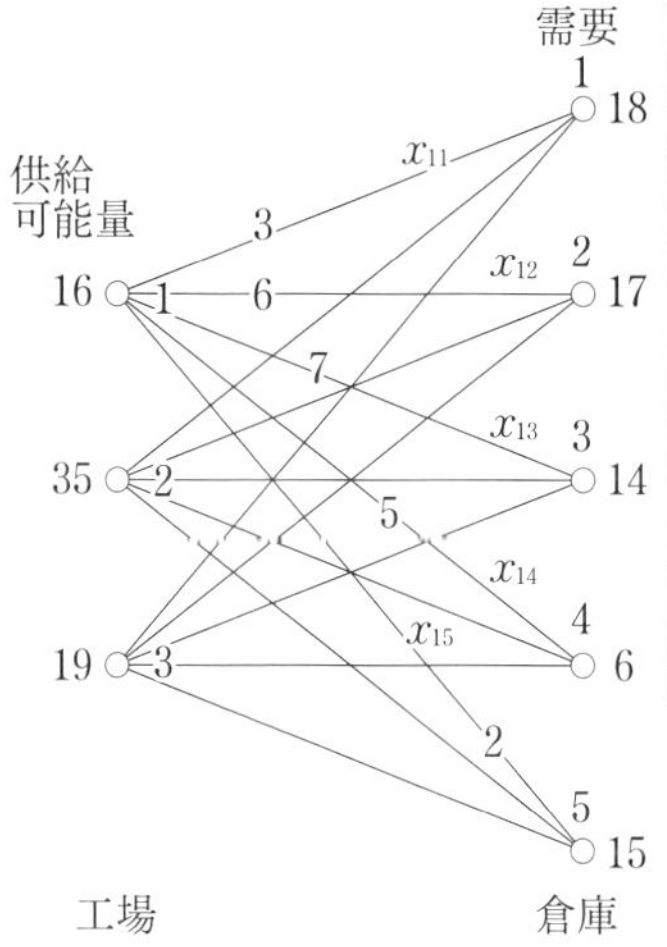

最小化

$$3x_{11}+6x_{12}+7x_{13}+5x_{14}+2x_{15}+8x_{21}+3x_{22}+4x_{23}+3x_{24}+5x_{25}+2x_{31}+8x_{32}+6x_{33}+4x_{34}+6x_{35}$$

条件

$$x_{11}+x_{12}+x_{13}+x_{14}+x_{15}\leqq 16$$
$$x_{21}+x_{22}+x_{23}+x_{24}+x_{25}\leqq 35$$
$$x_{31}+x_{32}+x_{33}+x_{34}+x_{35}\leqq 19$$
$$x_{11}+x_{21}+x_{31}\geqq 18$$
$$x_{12}+x_{22}+x_{32}\geqq 17$$
$$x_{13}+x_{23}+x_{33}\geqq 14$$
$$x_{14}+x_{24}+x_{34}\geqq 6$$
$$x_{15}+x_{25}+x_{35}\geqq 15$$

図 2

［輸送問題の説明］

工場 1, 2, 3 から倉庫 1, 2, 3, 4, 5 に物資を運ぶ際に，どうすれば最もコストが少なくてすむかを考える問題．

x_{ij} は，工場 i から倉庫 j への輸送量を表す．工場 1, 2, 3 の供給可能量(最大供給量)は 16, 35, 19 である．一方，倉庫 1, 2, 3, 4, 5 の需要は 18, 17, 14, 6, 15 である．x_{ij} の前に付く係数 3, 6, 7,… は，工場から倉庫までの距離などによりコストが異なることを示す．これらの条件のもとで総輸送コストを最小にする問題が輸送問題である．

のである(この問題については、第12章で詳しく説明する)。

では一九六〇年当時の東大理科一類では、この方法を使って学科所属を決めていたのだろうか。答えは〈おそらくノーで〉ある。各学科の利害が絡む厄介な問題に線形計画法のような科学的手法を持ち込もうとすると、第一志望にはねられた優秀な学生の受け皿になってきた不人気学科から、反対意見が噴出したと思われるからである。

2　ダンツィクの単体法

単体法の仕組み

線形計画問題の汎用解法である「単体法」が提案されたのは、第二次世界大戦が終わって間もない一九四七年である。この方法を考案したのは、アメリカ国防省の応用数学部門に勤務していた、当時三二歳のジョージ・ダンツィク博士である。

単体法の仕組みは、理工系大学の学生が最初に勉強する「線形代数学」の初歩を知っていれば理解できる程度の単純なものである。実際、線形代数学の講義で(合格ぎりぎりの)可をもらったヒラノ青年でも、線形計画法(単体法)は十分に理解できた。そして線形計画法を勉強したおかげで、線形代数学に出てきた「一次独立性」などの抽象的概念がどのような意味を持っているか、理解できるようになったのである。

また、線形代数学の初歩を知らない人でも、中学校で習った連立一次方程式の解法である「ガウスの消去法」（条件式を足したり引いたりして、未知数を減らす方法）を覚えていれば、基本的な部分は理解できるはずである。

四〇年後に、後に紹介する〈カーマーカー特許裁判〉でお付き合いした四〇代後半の東京高裁判事は、「連立一次方程式について勉強した記憶はない」とのたまわれたが、この人はどこの中学校を卒業されたのだろうか。

そこで、先に紹介したアメリン、ブテリン問題を使って、この方法の基本になるアイディアを説明しよう。まず注目すべきことは、次の三つの事実である（コラム1参照）。

(1) 何本かの一次不等式で表わされる領域は、「凸多面体」になる。

(2) 利益が最大になる点は、凸多面体の頂点のどれかである。

(3) 凸多面体の頂点は、二本の直線の交点として与えられる。交点を求めるには、連立一次方程式を解けばよい。

凸多面体というと、難しく聞こえるかもしれないが、要するに〈いたるところ出っぱっていて、境界面が平らな〉図形のことである。図1でアミかけした五角形は凸多面体である。

（東京高裁判事は別として）読者の皆様は、中学校で連立一次方程式について勉強したはずだが、連立一次不等式について勉強した人は少ないかもしれないので、念のため簡単に説明しておこう。

一次不等式

$$x + 2y \leqq 6$$

は、一次等式 $x+2y=6$、すなわち

$$y = -\frac{1}{2}x + 3$$

を満たす直線の下側にある領域を表す。また五本の一次不等式を満たす領域は、各不等式が表す領域の共通部分になる(図1参照)。

さて、前ページに記した三番目の事実から分かるように、連立方程式を解いてすべての頂点を数え上げれば、利益が最大になる答えが求まる。ところが、高次元の多面体(変数が多い多面体)にはたくさんの頂点がある。どのくらいたくさんあるかを知るには、最も単純な凸多面体である単位立方体を考えればいい(コラム3参照)。

コラム3に示したことから容易に類推できるように、一〇次元の立方体には、2の10乗個、一〇〇次元なら2の1000乗個の頂点がある。2の1000乗は10の301乗(1のあとに0が301個並んだもの)である。これは銀河系に存在する原子の総数(10の80乗くらい)より遥かに多い。スー

上級者向けの コラム3 ◉ 単体法の原理

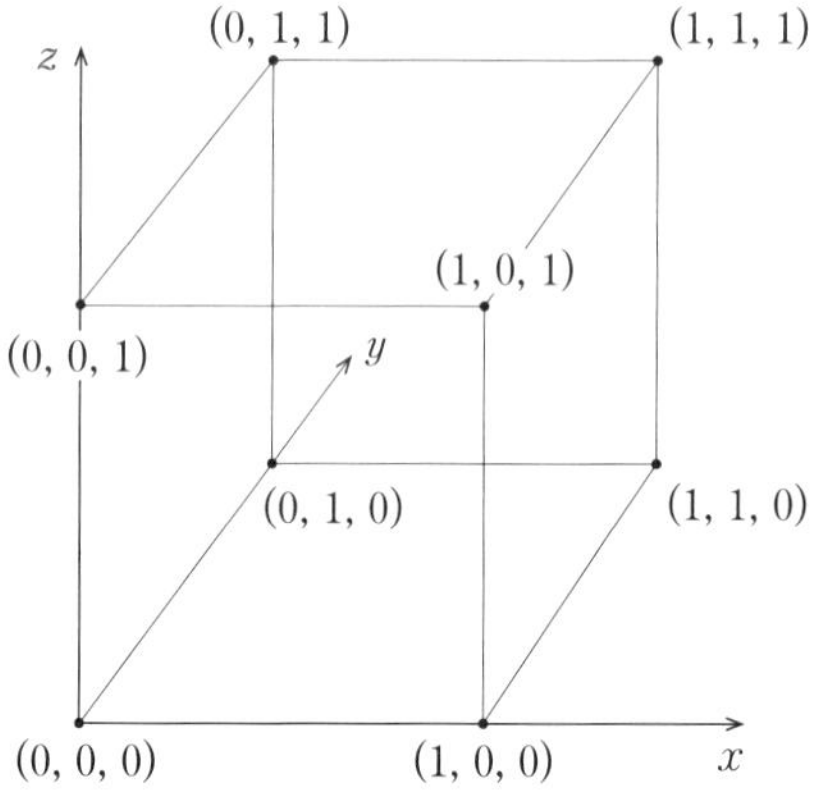

図3　三次元の単位立方体

三次元の単位立方体は，x，y，z という三つの変数を使って，次の6本の一次不等式で表すことができる．

$$x \geqq 0,\ x \leqq 1,\ y \geqq 0,\ y \leqq 1,\ z \geqq 0,\ z \leqq 1$$

三次元の単位立方体には8個，すなわち2の3乗個の頂点

$$(0, 0, 0),\ (0, 0, 1),\ (0, 1, 0),\ (0, 1, 1),$$
$$(1, 0, 0),\ (1, 0, 1),\ (1, 1, 0),\ (1, 1, 1)$$

がある．また四次元の単位立方体には，(0, 0, 0, 0) から始まって (1, 1, 1, 1) まで，16＝2の4乗個 の頂点がある．

一般に，何本かの一次不等式が表す領域 C は凸多面体領域とよばれ，C 上である一次式を最大化(もしくは最小化)する点は，C の頂点のどれかになる．

パーコンピュータを使っても、これだけ多くの頂点を数え上げることはできない。ではどうするか。単体法のアイディアは、以下のような単純なものである。

適当な頂点(たとえば図1のA点)を出発して、隣にある頂点の中で利益がより大きくなるものがあれば、その頂点(頂点B)に移動する。B点の隣に利益がより大きくなるものがあれば、その頂点(頂点C)に移動する……。そして隣の頂点の中に、より利益が大きいものが存在しなければ、〈最大点が求まったので〉計算を終了する。

森口教授は「数理工学第二」の第一回目の講義で、アメリン、ブテリン、ゾネリンという三つの化学薬品を生産する例題を使って、線形計画問題と単体法の説明を行った。

そして、次の二コマを使って、単体法が有限回の反復で最適解を生成して終わること、そして線形計画問題の数学的構造を明らかにする「双対定理《そうつい》」について解説したあと、「これ以上詳しいことを知りたい人は、経済学部の小宮隆太郎先生の講義を聞きに行きなさい」と指示した。

「数理工学第二」では、ゲーム理論、在庫管理理論、待ち行列理論など、ORに関するさまざまなテーマをカバーしなければならないので、線形計画法だけに時間をかけるわけにはいかない。そこで、細かいことは経済学部に任せることにしたのである(なお小宮助教授は、後に日本を代表する近代経済学者として、学界や論壇で大活躍する大物である)。

理論は単純だが計算が面倒な線形計画法

当時の経済学者は、(のちにノーベル経済学賞を受賞する)ワシリー・レオンチェフの「投入・産出分析」と深いつながりがある線形計画問題に関心を持っていた。この当時、国の産業政策や、企業における利益の最大化やコストの最小化を扱う線形計画問題は、経済学においても重要な課題だったのである。

たとえば、一九五七年に三人の経済学者ドーフマン＝サミュエルソン＝ソローが出した『Linear Programming and Economic Analysis(線形計画法と経済分析)』や、六〇年に数理経済学者デビッド・ゲールが書いた『The Theory of Linear Economic Models(線形経済モデルの理論)』など、線形計画法を扱った本は、経済学者の間で広く読まれていた。

また、一九六一年にジョージ・ダンツィクとフィリップ・ウォルフが発表した、大規模組織の最適生産計画問題に関する「分解原理」は、大企業における分権的意思決定のメカニズムを解き明かしたものとして、経営学者の注目を集めていた。

つまり、この時代の線形計画法は、ORや応用数学の専門家だけでなく、経済学者や経営学者なども関心を持つ、典型的な学際テーマだったのである。

森口教授は四コマの講義のあと、線形計画問題を単体法で解く演習問題を出した。それは、六種類の材料を使って一〇種類の商品を生産するにあたって、どの商品をどれだけ生産すると最も利益が多くなるかという問題だったが、理論の単純さに比べて、計算の面倒くささは超ド級だった。

数理工学コースが入っている建物には、日本で最初に作られた電子計算機「TAC(Toshiba Automatic Computer)」が設置されていた。しかし、その部屋には厳重に鍵がかかっていて、学部学生ごときは手も触れさせてもらえなかった。

学生たちが使えるのは、その後まもなく電卓(電子卓上計算機)に駆逐される、タイガーの手回し計算機だけである。ガチャガチャ・チーンの計算機で、六元連立一次方程式を繰り返し解くのは、まことにうんざりする仕事だった。

二元連立一次方程式は、「たすきがけ公式」を使えばすぐに解ける。三元連立一次方程式は、「ガウスの消去法」を使って二〜三分で解ける。ところが六元連立一次方程式の場合は、一五分くらいかかる(ガウスの消去法を使って n 変数の連立一次方程式を解く場合、n^4 に比例する計算の手間がかかる。変数の数が一〇〇倍になると、計算量は 100^4 = 一億倍になるのである)。

しかも、線形計画問題の最適解を求めるには、六元連立一次方程式を一〇回以上解かなくてはならない。計算結果が正しいかどうかは、もう三回連立一次方程式を解けば分かるが、間違っていたらやり直しである。根気がないヒラノ青年は、計算の天才と崇められたM青年のレポートを丸写しして提出した(書き写すだけでも、三〇分以上かかった)。

答えが正しかったかどうかは知らない。しかし、仮に正しくなかったとしても、合格点をもらえただろう。演習問題の採点を担当するティーチング・アシスタントがいなかった時代だから、レポートは提出しさえすれば合格だったのである。

〈線形計画法は、理論は単純だが計算は恐ろしく厄介だ！〉。これが、この時ヒラノ青年が抱いた感想である。

経済学部の線形計画法

ヒラノ青年は、このあと小宮助教授の講義を聞きに行った。経済学部の若きエースは、今から六年ほど前（二〇〇八年）に、日本経済新聞の「私の履歴書」という名物コラムの中で、〈一回だけ線形計画法の講義を担当したことがある〉と回顧しておられたが、ヒラノ青年はその貴重な場面に居合わせたのである。

ところがこの講義は、森口教授の講義とは似ても似つかぬものだった。まず、〈四つの材料を使って七種の製品を作る際に、何をどれだけ作れば利益が最も大きくなるか〉、という問題を線形計画問題として定式化し、この問題を解くための単体法について説明する。ここまでは、森口教授と同じである。

違うのは、森口教授が、「ここから先の計算は、前のステップと全く同じ事の繰り返しなので省略します」でおしまいにするところ、小宮助教授は途中の計算を細かくフォローして、その〈経済学的〉意味を微に入り細に入り説明することである。

一つの例題を解くために費やされた時間は、ざっと三時間。ステップを進めるための厄介な四則演算と、そのあとに続く経済学的解釈。ヒラノ青年は、三コマの講義に付き合ったあとエスケープした。

ここで受けた印象は三つである。

一つ目は、〈(数学が不得手な)経済学部の学生は、これだけ詳しく説明しないと分かってくれないのではないか〉ということ。

二つ目は、〈線形計画法は、一三回分の講義をやるほどの内容が無いのではないか〉ということ。

三つ目は、〈経済学的解釈なるものは、工学的立場から見ればどうでもいい代物だ〉ということである。

一つ目は正しかったが、一つ目と三つ目は間違っていた。もし、もう少し気長に小宮助教授の講義に付き合っていれば、(講義の種本である)デビッド・ゲールの『線形経済モデルの理論』に書いてあった、より深みがある経済理論(限界価格理論など)を学ぶことができただろう。

しかし、性急で傲慢なエンジニアの卵は、このような間延びした講義につきあうのは時間の無駄だと判断して、より有意義なことに時間を使おうと考えたのである。

線形計画法のパイオニア

森口教授は、一年間のアメリカ研修から帰った一九五〇年代半ば以来、新設された「日本ＯＲ学会」や、産業界の支援のもとに組織された「日本科学技術連盟（日科技連）」における講習会の企画・実施、企業における実地指導、教科書や解説記事の執筆、ダンツィク教授を招いての講演会の開催などを通じて、線形計画法の普及に努めた。

この時代、線形計画法の導入に最も熱心だったのは、石油精製会社だった。〈成分が異なる様々な原油を材料として、成分が異なるガソリン、軽油、灯油、重油などを生産するにあたって、どの原油をどれだけ使って生産すれば、最もコストが少なくて済むか〉という問題は、線形計画法によくフィットする問題だった。

製鉄会社や化学メーカーなどの企業も、似たような問題を抱えていた。折から、ＩＢＭ、ユニバック、ＣＤＣなどの計算機メーカーが、線形計画ソフトを開発して売り込みをかけていた。この結果、線形計画法は日本企業に急速に普及していくのであるが、ここで最も功績があったのが森口教授である。

戦前は航空力学の研究をしていた森口教授は、進駐軍の命令で航空学科が廃止されてからは、応用力学、統計学、ＯＲなどの新分野を手掛けた。東大工学部三〇年に一人の大秀才は、新しい分野が誕生すると三か月でその理論をマスターし、たちまち第一人者になった。

一か所に止らず、次々と新しいテーマに取り組む天才は、六〇年代に入って「計算機科学」という新しい学問が出現すると、それまでの統計学やＯＲ（線形計画法）から、「数値解析」や「計算機プログラミング」に軸足を移した。

〈統計学やＯＲにおける自分の役割は終わった。ここから先のことは、自分でなくても誰かがやってくれる〉と考えたのだろう。数学的手法を必要とする「数理工学」が立ち上がりつつあったこの時代、この分野の旗振り役を務める天才には、たくさんの新しい仕事が降ってきたのである。

森口研究室には大勢の秀才が集まっていた。しかし、線形計画法を研究テーマに取り上げたのは、（ヒラノ青年が知る限りでは）八年先輩の小野勝章氏一人だけだった。理科一類でトップクラスの成績を取った秀才たちにとって、〈理論は単純で計算が厄介な〉線形計画法は、興味の対象にならなかったのだ。

また森口教授が、アメリカ滞在中に世界的名声を手に入れた、統計学の研究をやっている学生も二人しかいなかった。そしてそれ以外の秀才たちは、変わり身の早い教授に合わせて、急成長中の数値解析や計算機プログラミングの研究に取り組んでいた。

このようなわけで、大学院に入ったヒラノ青年は、卒業研究で勉強した〈線形計画法と密接なつながりがある〉「ゲーム理論」から、「数値解析」に方向転換した。

3　バイブル

数理計画研究会

低空飛行で修士課程を終えたヒラノ青年は、東京電力、関西電力など、九電力会社の給付金で運営されている、日本で初めての民間シンクタンクである「電力中央研究所」に就職した。

三・一一大震災が起こる前のこの研究所は、研究者志向の理工系大学院生にとって、グーグルや（はやぶさで有名になった）JAXAの研究所などと並ぶ難関と呼ばれていた。しかし、創立間もない一九六五年当時は、（実力がなくても）コネがあれば入れてもらえる弱小研究所だった。

この研究所の「計算機室」には、森口研究室の八年先輩にあたる小野勝章氏と、二年先輩の中川友康氏が勤めていた。その人たちの話を聞くと、「計算機室」は本郷にある森口研究室が大手町に引っ越したようなところで、スポンサーである電力会社のための仕事より、学生時代以来の線形計画法や数値解析の研究に、多くの時間を割いているということだった。

ヒラノ青年は、三年に一枚の博士課程入場券を手に入れた同期の秀才を羨んでいたが、電力中央研究所の存在を知って、〈自由に研究できるうえに給料までもらえるのであれば、学生をやっているよりいいかもしれない〉という調子のいいことを考えて、小野先輩の口《くち》ききで入れてもらうことにした。

白面の貴公子・小野勝章氏は、日科技連が実施している「ＯＲ研修コース」で、森口教授の片腕を務めるとともに、様々な雑誌に線形計画法に関する解説記事を書きまくっていた。またこの人は、東大経済学部の竹内啓助教授、統計数理研究所の渡辺浩氏、慶応大学工学部の関根智明助教授らとともに、「慶応工学会」なる団体が運営する「数理計画研究会」で主要な役割を果たしていた。

ヒラノ青年は、時折小野先輩の代理としてこの研究会に出席する機会があった。そこではアメリカで発行されている「Operations Research」や「Management Science」などの専門ジャーナルに掲載された、線形計画法とその延長線上で発展中の「整数計画法」や「非線形計画法」に関する論文を材料に、侃々《かんかん》がくがくの議論が闘わされていた。

ヒラノ青年は、ここに集まった研究者のレベルの高さに圧倒された。数年前に来日したダンツィク教授は、渡辺浩氏の才能を激賞したという。今にして思えば、このメンバーの誰かが、研究会での議論をもとにして論文をまとめ、アメリカの専門ジャーナルに投稿していれば、日本は一九六〇年代に、線形計画法の分野で国際的に認知されていたのではなかろうか。

ところが、パソコンも数式入り英文入力ソフトもなかったこの時代に、日本人がアメリカで発行されている専門ジャーナルに論文を掲載してもらうためには、膨大な時間とコストが必要だった。

その上この時代の日本には、アメリカ流の〈Publish or Perish（論文を書かないものは退出せよ）〉文化は浸透していなかった。論文を書くのは、画期的な結果が得られた場合だけであって、ありきたりな結果をわざわざ論文にまとめたりはしない、というのがこの当時の数理科学者のカルチャーだったのである。

バイブルとの出会い

電力中央研究所に就職したヒラノ青年は、小野・中川両先輩が所属する「計算機室」ではなく、「経済研究所・原子力発電研究室」に配属され、二人の大物エンジニアの助手を務めることになった。

原子力は、電気・機械・物理・化学にまたがる総合技術である。どれ一つをとっても素質が無い男が、それらを総合した技術について研究したところで、ロクな成果は出せそうもない。しかし有難いことに室長は、畑違いのヒラノ青年に何も期待していなかった。

「君には特にやってもらいたいことはないので、しばらく適当にやっていてください」と言われたのをいいことに、六か月に及ぶ「原子力技術講習会」に出席する合間に、ＯＲや数値解析に関する本を読んで過ごすことにした。

図書室を覗くと、そこには小野先輩が買い集めたと思《おぼ》しき線形計画法関係の洋書が揃っていた。学生時代に手に取ったことがある、ハドレーやガスの初等的教科書の隣に、線形計画法の創始者であるジョージ・ダンツィク教授が一九六三年に出した、『Linear Programming and Extensions(線形計画法とその拡張)』があるのを発見したヒラノ青年は、早速この本を借り出した。

この本は、サンタモニカにあるアメリカ空軍のシンクタンク「ランド・コーポレーション」から、「カリフォルニア大学バークレー校」の「ORセンター」に移ったダンツィク教授が、一五年の間に発表した論文をベースとして、研究仲間や弟子たちの協力のもとで書いた、全二八章六三〇ページに及ぶ大著である。

黒い布製の表紙に蔽われた分厚い本を前にして、〈理論的には単純なはずの線形計画法について、こんなにたくさん書くことはあるのか?〉と訝ったヒラノ青年は、巻末の参考文献リストを眺めてびっくりした。そこには二五ページにわたって、約六〇〇編の論文が記載されていたのである。

その中でひときわ目立つのが、四〇編に及ぶダンツィク教授自身の論文である。日本人が書いた論文は、東大で森口教授とペアを組む伊理正夫助教授が、一九六〇年に日本OR学会の英文ジャーナルに発表したもの一編だけである。

アメリカ人やロシア人は、自分の著書や論文で、自国民の業績を優先的に取り上げる傾向があると言われている。しかしそれにしても、六〇〇編の中にただ一つとは情けない話である。日米格差に圧倒されながら読み始めたが、線形計画法の歴史と単体法に関する説明が終わったあたりから、急に話がややこしくなった。

とても一人では読み切れないと判断したヒラノ青年は、仲間を誘って輪読しようと考えた。修士課程時代に、新しい分野を勉強するにあたって、評判がいい教科書を選んで何人かの学生が順番に発表する、いわゆる〈輪読〉形式で勉強することが多かったからである。

自分が発表する部分は、分かるまで必死に読む。どうしても分からないところは、頭のいい友人に聞くか、どうやってごまかすかを考える(たいていはばれて、恥をかく)。ほかの人が担当する部分は、八分通り理解した上で担当者の発表を訊く。そして、分からないところは発表者に質問する。

難しい本を読む場合、三~四人で輪読して、各章末に記された演習問題を独力で解くのが、最も効率がいいのである。しかし、本文を理解するだけで精いっぱいのヒラノ青年は、問題解きまで手が回らなかった。

ヒラノ青年は、修士課程の二年間で四冊の洋書を輪読した。その中で飛びぬけて面白かったのが、ランド・コーポレーション時代に、ダンツィク教授の同僚だったレスター・フォード博士とレイ・ファルカーソン博士が書いた、『Network Flows(ネットワーク・フロー理論)』である。

この本は、道路網やパイプラインのような「ネットワーク」上で、車や石油の流量を最大化したり、輸送コストを最小化する線形計画問題を、単体法とは異なる、より直感に訴える方法――組み合わせ的方法――で解くアプローチを扱ったものである。

ヒラノ青年は、東大生と慶大生が東工大のセミナー室を借りて開催していた輪読会で、フォード＝ファルカーソンの本に取り組んだ。この時は、〈ネットワーク・フロー理論は、優れた直観と研ぎ澄まされた論理力が必要だから、自分には向かない〉と感じたが、難しい本でも、優秀な仲間たちと輪読すれば読み切ることができる、ということを学んだ。

残念なことに、電力中央研究所の同僚の中に、ダンツィクのバイブルに関心を示す人はいなかった。そこでこの本は後回しにして、数値解析の輪読会につきあうことにしたのだが、机の前に置かれている黒表紙本の著者（ダンツィク教授）は、いつもヒラノ青年にプレッシャーをかけていた。

「君はいつになったら、私の本を読んでくれるのかね？」。

「そのうち読みます。必ずそのうちに」。

貸し出し期間は一か月と決まっていたが、誰もこの本には関心がないことが分かったので、その後三年近く借り続けた。しかし、読んだのは最初の一〇〇ページ程度に過ぎなかった。

あとで知ったことだが、この本は出版後間もなく、ドイツ語、フランス語、ロシア語に翻訳され、線形計画法のバイブルとして世界中で広く読まれていた。一方日本では、出版から二五年後に翻訳が出たが、いかに重要な本といえども、八〇〇〇円もする四半世紀前のバイブルを買ったのは、大学図書館くらいだったようである。

焦点が定まらない若者

原子力の勉強をするふりをして、実は何もしていなかったヒラノ青年は、二年目に入ると原子力学会の「高速増殖炉専門委員会」の書記役や、職員組合の役員を押し付けられた。また学生時代の二人の友人と、内閣府が募集した「二一世紀の日本」懸賞論文に応募するなど、研究者として全く焦点が定まらない生活を続けていた。

二年の間に手がけた、曲がりなりにも研究と呼べる仕事は、小野先輩に頼まれて、ある数学雑誌に「二次計画問題」の解法に関する解説記事を執筆したことくらいである。

線形計画問題の場合は、最小化もしくは最大化すべき「目的関数」が、変数の一次式であるのに対して、これを二次式に置き換えたのが「二次計画問題」である。

ヒラノ青年は学部時代に、(のちに深く関わることになる)ハリー・マーコビッツ博士の『Portfolio Theory: Efficient Diversification of Investment(ポートフォリオ理論――投資の効率的分散方法)』という本を読みかじったが、そこに出てきたのが二次計画問題である。

一次式は図に書けば直線になる。一方、二次式は湾曲した曲線になる。ここでもし二次式が、下側に丸くなっていれば――このような二次式は「凸二次式」と呼ばれている――一次式制約条件のもとで凸二次関数を最小化する「凸二次計画問題」は、適当な出発点を選んで、単体法と似た方法で目的関数が小さくなる方向に進んでいけば、いつか最小点に到達することができる。

ところが学部時代のヒラノ青年は、その具体的方法を記した論文を読んでも、何をやっているのかさっぱり分からなかった。しかし、先輩に頼まれた以上は断るわけにはいかないので、あれこれ論文を読んでレポートをまとめたところ、これがなかなか好評で、のちに小野氏が『計算を中心とした線形計画法』(日科技連出版社、一九六七)を出版した時に、その中の一章として採録された。

著者として名前を出してはもらえなかったものの、自分が書いたものが活字になる嬉しさは格別だった。

研究所に入って三年目の一九六七年。依然として焦点が定まらないヒラノ青年は、何を研究すべきか悩んでいた。原子力は日の出の勢いだったが、このような研究をやったところで、絶対に一流の研究者になれない。しかし、原子力発電研究室に所属する限り、原子力から足を洗うことはできない。

友人たちと勉強している数値解析の本は面白いが、教科書を読んでいるだけでは、独自の研究にはつながらない。どうしたものか、と思い悩んでいるところに降って沸いたのが、海外留学のチャンスである。

もし当初の約束通り計算機室に配属されていれば、絶対に巡って来なかったはずの幸運である。

アメリカ留学

「電力中央研究所」は、東京電力を筆頭とする、九電力会社の給付金によって運営されているシンクタンクである。設立時点では一〇億円に届かなかった給付金は、高度経済成長の中で増え続け、間もなく三〇億に達するといわれていた。

財政的余裕ができた「経済研究所」では、新所長の発案で若手研究者を海外の大学に派遣する制度が新設された。世界中どこの大学でも可、どのようなテーマでも可、期間は二年間という嬉しい制度である。

何をやってもいいのであれば、原子力からORに転向するほうが賢明だと考えたヒラノ青年は、〈エンジニアのメッカ〉と呼ばれるMITのスローン・マネージメント・スクールと、〈科学の殿堂〉カリフォルニア大学バークレー校のIE&OR（経営工学&OR）学科に応募することを決めた。

しかし、願書を出したのは年明けだから、これらの人気学科に受け入れてもらえる可能性は小さい。そこで両方から断られた時のために、スタンフォード大学のOR学科と、UCLA（カリフォルニア大学ロサンゼルス校）の数学科にも願書を出した。

スタンフォードに応募したのは、相談に伺った際に森口教授が、「ついこの間、ダンツィク先生がスタンフォードに移られたから、ORを勉強するならスタンフォードのほうがいいんじゃないかな。あそこのＯＲ学科には、ダンツィク先生のほかにも何人か知り合いがいるから、推薦状を書いてあげよう」とアドバイスして下さったからである。

ＭＩＴ帰りの先輩は、スタンフォードを〈田舎のブルジョワ大学〉と見下していた。しかし、森口教授が尊敬するダンツィク教授が移籍するからには、いい大学なのかもしれない。

ヒラノ青年は、ＭＩＴとバークレーに振られた。一方、スタンフォードのＯＲ学科からは、〈今年は締め切ったが、来年であれば受け入れよう〉という手紙がやってきた。好意的な手紙だが、一年後では留学の権利が失われてしまう。

そこで、やむを得ずＵＣＬＡへの留学を決めたのだが、出発を二か月後に控えた七月になって、〈定員に空きが出たので、九月からの新学期に受け入れが可能になった。もし入学する気があれば、至急連絡されたし〉という手紙が届いたのである。

世界一のＯＲ学科

こうしてヒラノ青年は、スタンフォード大学に留学することになったのだが、これは二重、三重の幸運に恵まれたおかげである。

第一の幸運は、数年前にスタンフォードで客員教授を務めた森口教授が、ユダヤ人教授陣（ＯＲ学科の一〇人の教授のうち八人はユダヤ人だった！）の間で、〈日本にモリグチあり〉と瞠目される存在だったことである。教授たちは、〈モリグチが推薦してきた学生なら間違いない〉と判断して、空いた定員をヒラノ青年に廻してくれたのである(推薦状を書いたものの、森口教授は不勉強なヒラノ青年がうまくやれるかどうか心配されたのではなかろうか)。

第二の幸運は、既に合格が決まっていた二人の米国人学生が、徴兵にあって入学を辞退したことである。ベトナム送りになったそれらの学生にとっては、生涯の不運だったはずだが、そのおかげでヒラノ青年に生涯最高の幸運が降ってきたのである。

第三の幸運は、バークレーに蹴られたことである。もしここに受かっていれば、ダンツィク教授の指導を受けることはできなかったのだ。それだけではない。この当時のバークレーは、超保守派・リーガン知事(のちのレーガン大統領)の大幅予算カットによって、研究環境が著しく悪化していた。またリベラル派学生が多いこの大学は、六〇年代末に全世界で吹き荒れたキャンパス騒動の発祥地でもあった。

騒動は日を追うに従って激化し、ヒラノ青年が毎日一四時間勉強していた六九年はじめには、歴史に残る暴動が起こって死者が出たため、キャンパスが一時閉鎖されている。もしバークレーに合格していたら、おちおち勉強していられなかっただろう。

バークレー暴動はスタンフォードにも飛び火した。しかし、ブルジョワ大学と言われるだけあって、大火事には至らなかった。ところがこのとき火事は、きわどいところで消し止められていたのである。実際、二〇一〇年に発表されたリチャード・ライマン学長(当時)の回顧録には、(右派研究者の拠点である)「フーバー研究所」が学生によって投石・放火された時には、キャンパス閉鎖が真剣に検討されたという記述がある。もし閉鎖されていれば、ヒラノ青年は博士号を取れなかったかもしれない。

日本と違ってアメリカの大学では、有力教授の引き抜きが日常的に行われている。研究環境が悪くなると、有力教授はより条件がいい大学に移ってしまうのである。素晴らしい気候に恵まれ、九〇〇〇エーカー(一一〇〇万坪)の土地と、一兆円を超える金融資産を持つお金持ち大学スタンフォードは、全世界から有力教授を引き抜いて、世界のトップを目指して急上昇過程に入っていた。

一九六七年に設立されたOR学科は、ハーバードから「一般不可能性定理」のケネス・アロー教授(経済学科と兼任)、バークレーから「線形計画法」のジョージ・ダンツィク教授(計算機科学科と兼任)、スイス連邦工科大学から「カルマン・フィルター」のルドルフ・カルマン教授(電気工学科と兼任)という三大スターを引き抜いて、創設三年目にして世界最高のOR学科と呼ばれるようになっていた。

なおアロー教授は後にノーベル経済学賞を、カルマン教授は京都賞を受賞している。一方、ダンツィク教授は、(のちに書くような不運が重なって)ノーベル賞も京都賞も、そしてガウス賞も逃がしてしまったが、今では「二〇世紀のラグランジュ」と呼ばれている(ラグランジュは一八世紀を代表する大数学者である）。

この三教授がどれほど偉い学者かを知りたい人は、知り合いのエンジニア（数学と縁が薄い化学・生物系を除く）を捉まえて聞いてみればいい。まともなエンジニアなら、三人の中の一人くらいは知っているだろう。三人とも知らないという人がいたら、その人は、はてなマークつきのエンジニアである。

4　線形計画法の父

なまダンツィク

一九六八年九月初め、スタンフォードに到着したヒラノ青年は、早速ダンツィク教授の研究室を訪れた。国や企業から一年当たり五〇万ドル（一億八千万円！）の研究費を提供されるという大教授の研究室は、どれほど立派だろうと思いきや、それは木造建物の一室で、その広さは森口教授のオフィスの半分しかなかった（参考までに書いておくと、この時のヒラノ青年の月給は四万円程度だった）。

数年前に発足した大学院のＯＲプログラムが、正式学科に昇格して二年目のこの学科では、民家を改造した「アルバラド・ハウス」の中に、七人の大教授と二人の秘書が仮住まいしていた（一年後には、「エンシナ・コモンズ」という格調高い建物に移動した）。

一九一四年生まれのダンツィク教授はこの時五三歳、まさに円熟の境地にあった。二〇年前には、アブラハム・チャーンズ教授（カーネギー工科大学（カーネギーメロン大学の前身））との間で、単体法の一番乗りをめぐって激しいバトルがあったということだが、とうの昔に決着がついていた。「線形計画法の父」と呼ばれる大教授は、大きな鼻とちょび髭の〈おやじさん〉だった。森口教授のメッセージを伝えたあと、お土産として持参した真珠のネクタイピンを差し出したところ、教授は受け取りを断った。

日本の大学でも、教授が学生から金品を受け取ることは禁じられている。しかし、ネクタイピンくらいならいいだろうと思っていたヒラノ青年は、アメリカン・スタンダードに出鼻をくじかれた。しかし、どうしてもここでお願いしておかなければならないことがあった。

ほかでもない。すぐ博士論文の作成に取り掛かりたいというお願いである。日本の大学では、博士課程に入ったその日から、指導教官と相談して準備を始めるのが当たり前だったからである。

ところが教授は、指導教授が決まるのは、学科が指定する八つの必修科目をカバーする「博士資格試験(Ph. D. Qualifying Examination)」に合格してからだと仰《おっしゃ》る。TOEFL(英語)、GRE(数学)という二つ試験の成績と、三通の推薦状をもとに入学させた学生が、博士号に値する基礎学力を備えているかどうかを確認するための儀式である。

必修科目を履修するためには、十分な予備知識があることを要求される。たとえば、「線形計画法」を履修するには線形代数学が、「待ち行列理論」を履修するには確率過程論が、そして「信頼性理論」については統計学の知識が前提になるのである。

すでに修士号をもっていたヒラノ青年でも、一〇科目くらい履修する必要があったから、学部を卒業したあとすぐに留学していれば、必修八科目のほかに、二〇科目くらい履修しなければならなかっただろう。

一学期に履修できるのは、原則として五科目までだから、資格試験を受けるまでに最低でも丸一年かかる。その上、資格試験の合格率は五〇％程度である。ＭＩＴ、プリンストン、カリフォルニア工科大学、エコール・ポリテクニクなどの名門校で一番の成績を取った学生を集めておきながら、その半数しか合格させないのである。

不合格になった学生には退学勧告が出る。見込みがない学生には、早いうちに退出してもらうほうが、本人にとっても大学にとっても望ましいという〈冷厳な親心〉システムである。

一年目の三月に資格試験に合格すれば、二年で博士号を取ることは可能だが、不合格になると退学になる。森口教授に推薦状を書いてもらった者として、これ以上の不始末はない。さすがのギャンブラーも腰が引けた。

さて必修八科目のうちの四科目は、かねて馴染みがある「線形計画法Ｉ」、「線形計画法II」、「非線形計画法」、「ネットワーク・フロー理論」で、線形計画法のテキストは、電力中央研究所時代に借り出した、ダンツィクの黒表紙本である。

「そのうち読みます。そのうちに必ず」と言い訳していたバイブルの三分の二と、演習問題の半分以上を履修させられることになったのである。より具体的に書けば、五〇分講義を毎週三回(もしくは七五分講義を週二回)、宿題が毎週九時間で、これが一学期一〇週間続く。二学期分を合計すると、六〇時間の講義と一八〇時間の問題解きである。

これは平均的学生のケースであって、ヒラノ青年はその倍くらい勉強した。これだけやれば、分かった気になる。そしてこの〈分かった感覚〉が、一生の財産になったのである。

この講義を担当したのは、バイブルの著者であるダンツィク教授本人である(このような幸運に恵まれるとは、ヒラノ青年は本当に運がいい人である)。

ほかの教授たちは、時間通りに教室に現れ、時間通りに講義を終えた。しかしダンツィク教授は、一〇年もののポンティアックのエンジンがかからなかったとやらで、しばしば遅刻した。また、よどみない講義で知られる森口教授と違って、時折つかえたり間違ったりした。

一九五〇年代に訪日した時、ダンツィク教授は周囲に対して、「(通訳を務める)モリグチのほうが、私より線形計画法を良く知っている」と洩らしたということだが、何十回も講義してきたテーマなので、(油断して)準備なしで教室にやって来るから、こういうことになるのだ(ということに気付いたのは、ヒラノ青年が当時のダンツィク教授と同じ年齢に達した、四半世紀後のことである)。

ほかの教授の整然とした講義と違って、ダンツィク教授の講義はちょくちょく脱線した。そしてそのついでに、線形計画法が誕生した当時の、様々な逸話を紹介して下さった。

たとえば、単体法を考案した時、このような(単純な)方法ではうまく解けないだろうと思っていたところ、余りにうまくいくので驚いた話。〈主婦が家族の栄養必要量を考慮したうえで、最も安上がりな食料品を購入する問題〉を解いたところ、リンゴ酢を毎週二〇リットル購入するのがベストだという結果が出て慌てた話(特定の食品の購入量に上限を設定するのを忘れたためだそうです)。

それらの中で最も強く記憶に残ったのは、「双対定理」に関する次の逸話である。

フォン・ノイマン

一九四七年一〇月、ダンツィク青年は単体法を引っ提げて、ニュージャージーにある「プリンストン高等研究所」に、二〇世紀最高の(応用)数学者と呼ばれる、ジョン・フォン・ノイマン教授を訪れた。

この当時、数理科学者がこれはという結果を導いた時には、フォン・ノイマン大先生のご意見を伺うのが習わしになっていた(当時この研究所には、「相対性理論」のアルバート・アインシュタインと「不完全性定理」のクルト・ゲーデルがいた)。

ところが、単体法の説明を開始したところ、フォン・ノイマンは「アッ、それだ!」と言って立ち上がり、ダンツィク青年を前に、一時間半にわたって線形計画問題の数学的構造に関するレクチャーを行ったという。

呆気にとられるダンツィク青年に対して、フォン・ノイマンは言った。

「驚いたかもしれないが、私は魔法使いではない。しばらく前にゲーム理論に関する本を書きあげたところだったので、君の説明を聞いた時、線形計画法とゲーム理論の間につながりがあることに気が付いたのだよ」と。

〈ゼロ和二人ゲームで成り立つ「ミニマクス定理」は、おそらく一般の線形計画問題に対しても成り立つだろう〉というフォン・ノイマンの予想をもとに、ダンツィク青年はその後間もなく、〈線形計画法における最も重要な定理〉である「双対定理」の証明に成功した。なお双対《そうつい》とは、二つひと組という意味である。

バークレーの学生だったころ、統計学の世界的権威であるジャージー・ネイマン教授が、未解決の大問題として黒板に記した難問を、宿題だと勘違いして数日で解いてしまったダンツィク教授にとって、(フォン・ノイマンが正しさを予想した)双対定理の証明は難しいことではなかった。

そこで翌年一月に、この結果をまとめたレポートを勤務先の研究仲間に配布した。しかし大先生にとっては〈当たり前〉の定理なので、学会での発表や専門ジャーナルへの投稿を見合わせた。

ところがその後二年ほどして、デビッド・ゲール、ハロルド・キューン、アルバート・タッカーというプリンストン大学数学科の三人組が、この定理を証明した論文を発表したため、「双対定理」はこれらの人の功績になってしまった。

双対定理は、線形計画法のみならず、ミクロ経済学、ゲーム理論、非線形計画法、組み合わせ最適化理論などの基礎になる〈大定理〉である。経済学の立場からいえば、ミクロ経済学の基本テーマである〈モノの価格がどのように決まるか〉を明らかにした重要な定理である(もしダンツィク青年がプリンストン三人組より早く双対定理論文を発表していれば、二八年後にノーベル経済学賞を逃すことはなかっただろう)。

余談であるが、ポール・サミュエルソン教授の『Foundations of Economic Analysis(経済分析の基礎)』を一瞥したフォン・ノイマンは、「一九世紀の数学だ」とのたまったそうである(なおこの本は、経済学徒のバイブルと呼ばれたものである)。

この件については、ヒラノ教授にも思い当たる節がある。「私は毎日一〇個以上の定理を証明するが、どれも大した結果ではないので発表するまでもない」と豪語する数学者に出会ったことがある。そうなのだ。フォン・ノイマンのような大天才にとって、ほとんどのことは発表するに値しないつまらない結果なのだ。

双対定理

そこで以下では、この本の冒頭で紹介したアメリン、ブテリン問題(第1章参照)を使って、双対定理の概略を紹介しよう。

上級者向けの コラム4 ◉ 双対問題

(P) 主問題

$$\begin{array}{ll} \text{最大化} & 3x+5y \\ \text{条件} & x+2y \leqq 6 \\ & 2x+y \leqq 5 \\ & 2x+2y \leqq 7 \\ & x \geqq 0, \quad y \geqq 0 \end{array}$$

(D) 双対問題

$$\begin{array}{ll} \text{最小化} & 6u+5v+7w \\ \text{条件} & u+2v+2w \geqq 3 \\ & 2u+v+2w \geqq 5 \\ & u \geqq 0, \quad v \geqq 0, \quad w \geqq 0 \end{array}$$

主問題(P)の条件式の右辺 6, 5, 7 が，双対問題(D)の最小化の u, v, w の係数になっていることに注意.

弱双対定理　(P)と(D)の条件式をみたす x, y, u, v, w は

$$6u+5v+7w \geqq 3x+5y$$

をみたす.

なぜなら

$$\begin{aligned} 6u+5v+7w &\geqq (x+2y)u+(2x+y)v+(2x+2y)w \\ &= (u+2v+2w)x+(2u+v+2w)y \\ &\geqq 3x+5y \end{aligned}$$

だからである.

双対定理　(P)と(D)の最適解 x^*, y^*, u^*, v^*, w^* は

$$6u^*+5v^*+7w^* = 3x^*+5y^*$$

をみたす.

実際 $(x^*, y^*)=(1.0, 2.5)$, $(u^*, v^*, w^*)=(2.0, 0.0, 0.5)$ とおくと，上の等式が成立する.

アメリン、ブテリン問題(P)に対して双対問題(D)をコラム4のように定義する。すると問題(P)と(D)の間には、次の関係が成り立つ。

(i)　主問題(P)に最適解が存在するときは、双対問題(D)にも最適解が存在して、(P)の目的関数の最大値は、双対問題(D)の目的関数の最小値と一致する。

(ii)　双対問題(D)の最適解は、主問題(P)の最適解から直接求めることができる。また(P)の最適解は(D)の最適解から直接求めることができる。

(iii)　問題(P)と(D)の最適解は、「最適条件」(コラム5の(S))を満たす。

これが双対定理である。

コラム4をご覧いただければ、アメリン、ブテリン問題については、(i)が成り立っていることがお分かりいただけるだろう。ところがこれらの関係は、(ある前提条件のもとで)より一般的な線形計画問題に対しても成り立つのである(コラム5参照)。

主問題(P)がモノの最適生産問題であるのに対して、双対問題(D)は原材料の価格付けに関わる問題である。このことは、経済学においてきわめて重要な意味を持っているが、それについて書き始めると長くなるので、以下では計算上の観点から大事なことだけを述べよう。

上級者向けの コラム5 ◉ 双対定理

一般には

$$A=\begin{pmatrix} a_{11}, a_{12}, \cdots, a_{1n} \\ a_{21}, a_{22}, \cdots, a_{2n} \\ \vdots \\ a_{m1}, a_{m2}, \cdots, a_{mn} \end{pmatrix},\quad c=\begin{pmatrix} c_1 \\ c_2 \\ \vdots \\ c_n \end{pmatrix},\quad b=\begin{pmatrix} b_1 \\ b_2 \\ \vdots \\ b_n \end{pmatrix},\quad x=\begin{pmatrix} x_1 \\ x_2 \\ \vdots \\ x_n \end{pmatrix},\quad y=\begin{pmatrix} y_1 \\ y_2 \\ \vdots \\ y_m \end{pmatrix}$$

に対して，主問題(P)と双対問題(D)を以下のように定義する：

(P) 最大化 c^Tx
条件 $Ax \geqq b$
$x \geqq 0$

(D) 最小化 b^Ty
条件 $A^Ty \geqq c$
$y \geqq 0$

双対定理 (P)に最適解 x^* が存在するなら(D)にも最適解 y^* が存在して，$c^Tx^*=b^Ty^*$ が成立する．

(P)の最適解と(D)の最適解 (x, y) は，次の最適条件(S)

$$\left.\begin{array}{ll} Ax \geqq b,\quad x \geqq 0 & \text{主実行可能条件} \\ A^Ty \leqq c,\quad y \geqq 0 & \text{双対実行可能条件} \\ y^T(Ax-b)=0 & \text{相補性条件} \\ x^T(c-A^Ty)=0 & \end{array}\right\}(S)$$

をみたす．ここで，c^T, b^T, A^T はベクトル c, b と行列 A の転置を表す記号である．

(1)　主問題(P)が与えられた時、それと対になる双対問題(D)のほうが解きやすい時には、そちらを解いて、その結果を用いて主問題(P)の答えを求めればいい。

(2)　線形計画問題を解くには、最適条件(S)をみたすxとyを求めればいい。

またこの定理を使うと、(P)を解くにあたって、ダンツィクが考案した(主)単体法とは異なる様々なバリエーション――「双対単体法」や「主・双対単体法」など――を考案することができる。

本格勉強法とパラシュート勉強法

「線形計画法」だけでなく、「ネットワーク・フロー理論」や「非線形計画法」についても若干の予備知識があったヒラノ青年は、これらの四科目ではあまり苦労せずにA(もしくはA＋)の成績を取り、ユダヤ人教授たちが注目する存在になった。

これに対して、確率モデルに関する四科目、特に「在庫管理理論」と「待ち行列理論」は難物だった。特に後者は、修士時代に輪読した中級教科書とは似ても似つかない、高級な確率論を駆使した講義である。

そこでヒラノ青年は、統計学科で開設されている「確率論」の上級コースを履修することにしたデビッド・シークムンド教授の講義は、まことにビューティフルなものだったが、そのレベルの高さと宿題の多さについていくことができず、最初の四週間でドロップアウトした。

確率論に関する十分な素養が無いヒラノ青年は、いくら勉強しても、確率モデル四科目については〈分かった感覚〉が身につかなかった。しかし、『「超」勉強法』(講談社、一九九五)という本の中で野口悠紀雄氏が推奨している〈パラシュート勉強法〉のおかげで、二年目の三月に資格試験をパスすることができた。

本格勉強法で〈分かった感覚〉を手に入れた四科目の知識は、一生の財産になった。一方、パラシュート勉強法で取り組んだ四科目の知識は、膨大な時間をかけたにもかかわらず、試験が終わったあとたちまちカリフォルニアの空に飛び去った。

もしこの二〇年後に、「金融工学」という新分野に参入することが分かっていたら、これらの科目にも本格勉強法で取り組み、「資産運用理論」と「金融商品の価格付け理論」という二つの分野を股にかける剣豪になれたかもしれない(このような人は、日本には一人もいない)。

ビジネスマンや評論家はいざ知らず、研究者を目指す人は、勉強するならパラシュート勉強法ではなく、本格勉強法を採用すべきだという教訓である。

ダンツィク教授の研究

めでたく資格試験に合格したヒラノ青年は、一九七〇年四月から、ダンツィク教授の指導のもとで博士論文に取りかかった。

三二歳で単体法を生み出したダンツィク教授は、二五年にわたって線形計画法の世界をリードし続けた。しかし五〇代半ばを迎えた教授は、線形計画法そのものよりも、エネルギー計画問題などに対する大型線形計画法の応用や、線形計画ソフトづくりに研究活動のウェイトを移していた。

学生の中には、「ダンツィク教授は、線形計画法から一歩も出ようとしない。あの人はもう終わった」と言う人もいた。しかし、応用数学者（もしくは数理工学者）という生き物は、四〇歳を超えるころから、分析力を生かした応用研究や、後継者を育てることにより大きな意義を見出すものなのである。

さて、ダンツィク教授が二五年にわたって取り組んできたのは、大型の線形計画問題を解くために、単体法を効率化する〈あの手この手の〉工学的研究である。

単体法は、いくつかの平面（より正確には超平面）を境界面とする凸多面体上の頂点を移動しながら、目的関数を改善していく方法である。その基本手続きは、

凸多面体上の1つの頂点Vが与えられたものとして、Vの隣にある頂点の中で、目的関数がより大きな値を持つ頂点V′を求める。そして次々と隣接頂点を生成し、隣の頂点の中に、より大きな目的関数値を持つものがなくなったところで終了する

という単純なものである。

このような単純な手続きの改良に、なぜ二五年も取り組む必要があるのか、と思う読者も多いだろう。ところが簡単そうに見える方法でも、実際に計算を実行する際には、さまざまな工夫の余地がある。

(i) どのようにして、最初の頂点Vを計算するか？

(ii) どのようにして、より目的関数値が大きな値を取る隣接頂点V′を見つけるか？

(iii) どのようにして、隣接頂点V′を計算するか？

などなど。

多次元空間の中の凸多面体の場合、一つの頂点の隣には多くの頂点がある。ではどのようなルールで隣の頂点を生成すれば、最も速く最適頂点にたどり着けるか。

ダンツィク教授が一九四七年に提案したのは、最も勾配が大きな稜線方向に進むというルールである(これは「ダンツィク・ルール」と呼ばれている)。このルールを使うと、たいていの場合は、凸多面体の次元の数倍程度の頂点をたどったところで、最適頂点が生成される。単体法は、提案者自身も驚くほど効率がよかったのである。

ところが、いつでもそうとは限らない。たとえば、クリー、ミンティーという二人の研究者が考案した病的な問題の場合、凸多面体上のすべての頂点をたどったあと、最大点が生成されるという。

単体法の謎

実用的な問題の場合、このようなことは滅多に起こらない。なぜそうなのか。初めてこの問題に本格的に取り組んだのは、ドイツ人のハインツ・ボルグワルトである。ヒラノ教授はこの論文が出るとすぐに目を通したが、難し過ぎてギブアップした（東工大の大学院生三人は、ゼミを開いて読破したらしい）。

ここでは難解なボルグワルトをパスして、より分かりやすいイラン・アドラーのアプローチを紹介しよう。

いま二つの変数 (x, y) に関する五本の直線 a、b、c、d、e を考えよう（コラム6）。

これらの直線によって、(x, y) 平面は一六個の領域に分割される。アドラーは〈五本の一次不等式で定義される線形計画問題の実行可能領域は、これら一六個の領域のどれか一つであって、どの領域も等確率（一六分の一の確率）で出現する〉ものと仮定した。

つまり、ある線形計画問題（P）の中に一次不等式

上級者向けの コラム6 ◉ 単体法の謎

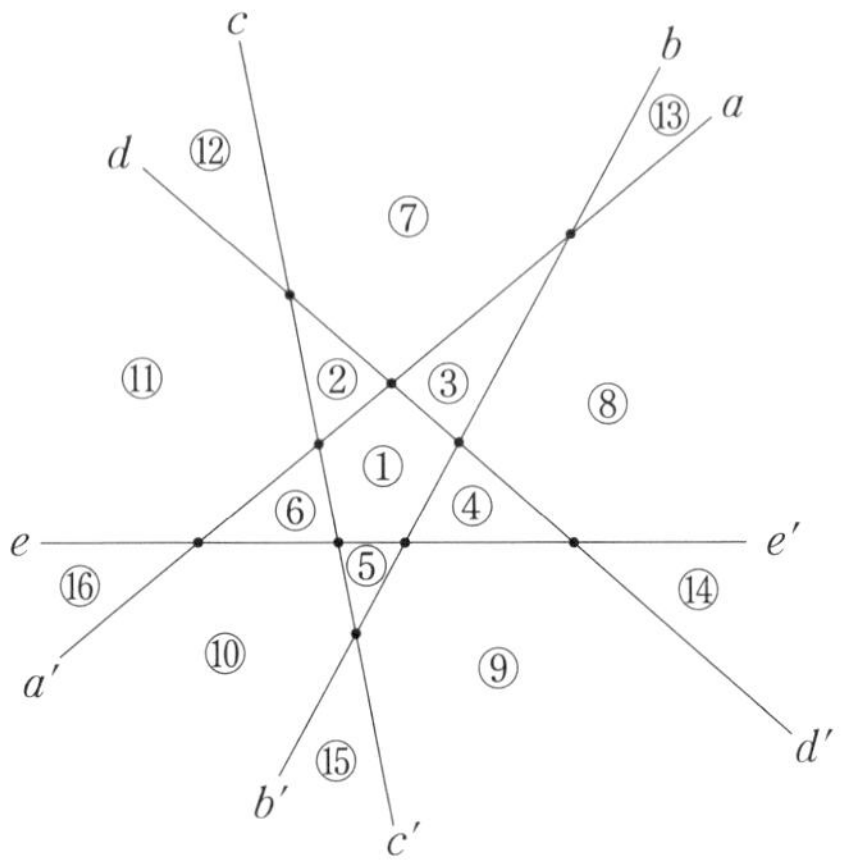

図 4

5 本の直線によって，平面は①から⑯まで 16 個の領域に分割される．線形計画問題の実行可能領域は，これら 16 個の領域のどれか一つであるものと仮定する．

領域①には 5 個，領域②～⑥には 3 個，領域⑦～⑪には 3 個，領域⑫～⑯には 1 個の頂点がある．各々の領域で，(パラメトリック)単位法を用いて目的関数が最大になる点を求めるのに，何個の頂点をたどる必要があるかを計算し，その平均値を取る．

このアイディアを高次元の問題に適用すると，平均反復回数は変数の数を n，条件式の数 m としたとき，n と $m-n$ のうち小さいほうと同じになる(なおこの結果については，今野浩著『線形計画法』(日科技連出版社，1987)の第 8 章に詳しい解説がある)．

$$ax+by \geqq c$$

が含まれているときには、それとは逆向きの一次不等式

$$ax+by \leqq c$$

を含むもう一つの線形計画問題(P′)が存在し、それぞれ二分の一の確率で出現すると仮定するのである。

実際にこの仮定が成り立つかどうかについては議論の余地があるが、アドラーはこの仮定のもとで、n個の変数とm(n以上)本の不等式で定義される一般の線形計画問題に対して、生成される凸多面体領域の個数と頂点の数を数え上げることによって、〈線形計画問題はパラメトリック単体法によって、平均的に言って、nと$m-n$の小さい方と同じ反復数で解ける〉ことを証明した。

ダンツィク・ルールを使って実用上の問題を解くと、大多数の問題は$2n$回ないし$3n$回の反復で最適解が生成されることが確かめられている。ではダンツィク・ルールより速く最適頂点にたどり着ける方法はあるだろうか。

最も勾配が急な方向に進んだ場合、隣の頂点までの距離が短ければ、目的関数の改善量は小さい。一方、勾配は緩やかでも、遠く離れていれば改善量は大きい。そこで〈最も改善量が大きな頂点に

移動する〉というアイディアが生まれる。

しかし変数の数が多い場合は、隣接頂点の数も多いから、ダンツィク・ルールに従うより多くの手間がかかる。では、勾配が大きなもののうちのいくつかを選んで、改善量を比べて見てはどうか。その場合、いくつの頂点を比べればいいか、エトセトラ、エトセトラ。

もう一つの問題は、一つの頂点から次の頂点を計算する方法である。このためには、三つの連立一次方程式を解くことが必要になるが、ここで使われるのが、二〇〇〇年以上の歴史を持つ「ガウスの消去法」(条件式を互いに引いたり足したりして、未知数を減らす(消去)方法)である。

ところがこの方法も、変数の入れ替えや方程式の並べ替えで、計算が速くなったり遅くなったりする。では、どのような並べ替えを行えば、最も速く方程式が解けるだろうか。

前の頂点で連立一次方程式を解いた時に得られた情報を使うと、計算量を減らすことができるはずだが、この情報を最もうまく利用するにはどうすればいいのか。このような問いに答えるために、おびただしい数の論文が書かれているのである。

特に、変数の数が一万を超えるような大型の問題の場合、一万元の連立一次方程式を何万回も繰り返し解く必要があるので、問題の特殊な構造を利用した工夫が、計算効率に大きな影響を与える。

ダンツィク・バイブルの巻末にリストアップされている六〇〇編の論文の四分の一は、単体法の効率化に関する、あの手この手の工夫を扱ったものである。そしてこれらの細かい工夫が、解法の効率化に大きな役割を果たすのである。〈神は細部に宿る〉とはこのことである。

日本の数学者は、計算手法には関心を示さない。彼らにとっては、〈(有界で空でない実行可能領域をもつ)線形計画問題には最適解が存在する〉という当たり前のことが分かれば十分であって、それをどうやって計算するかとか、いかに速く計算するかといった問題には関心がない。

また経済学者は、計算のような〈つまらないこと〉は、誰かにやってもらえばいいと考えている。そこで、細かい工夫が必要な作業はエンジニア、すなわち数理工学者の出番となるのである。

一方、アメリカの数学者の中には、細かい工夫が大好きな人がいて、数学者とエンジニアが協力して解法の改良に取り組んだ。この分野で、日米間に大きな差がある原因の一つはこれである。

大型の線形計画問題

線形計画法が誕生して間もない一九四八年、ジョージ・スティグラーという経済学者が提案した「主婦の問題」、すなわち〈七七種の食料品の中から、どれをどれだけ購入すれば、家族の健康維持に必要な九種類の栄養素を充足する、最も安上がりな食品セットが求まるか〉という問題が、デスク計算機を使って一二〇人・日で解かれている。

このあと、計算機のスピードアップと計算方法の改善によって、一〇年ごとに一〇倍大きな問題が解けるという、「一〇年で一〇倍の法則」が継続した。

当たり前のやり方では、一〇倍大きな問題を解くには、10^4倍すなわち一万倍近い計算量が必要になる。計算機が「ムーアの法則」に従って一八か月ごとに二倍速くなったとしても、一〇年間で一〇〇倍くらいしか速くならない。残りの一〇〇倍は、計算手法が改善されたおかげである。

かくして一九五〇年代には数百変数、六〇年代には数千変数、そして七〇年代に入ると数万変数の問題が解けるようになった。人々はいずれ近いうちに、一〇〇万変数の問題が解けるようになるだろうと考えていた。

この頃になると先進的企業の多くが、生産計画や配送計画に線形計画法を利用するようになった。ある学者が推計したところによれば、七〇年代に行われた科学技術計算のうちの一〇%から二五%が線形計画法に関連するものだったという(これは驚くべき数字である)。

そこで、線形計画法がどれほど普及していたかを示す逸話を一つ紹介しよう。一九七六年に公開された『ネットワーク』という映画(フェイ・ダナウェイとピーター・フィンチがアカデミー主演女優・男優賞をダブル受賞した映画)の中で、アメリカの報道界を牛耳る大物財界人が、カリスマ・ニュースキャスターを相手にこんなことを言っていた。

「大企業を動かしているのは線形計画法である。アメリカの大企業だけではない。ソ連の指導部は、今やマルクス経済学ではなく、線形計画法を使って政策を決めている」と。

ハリウッド映画で、線形計画法という言葉を耳にしたのは、これが最初で最後であるが、残念なことに日本語字幕では割愛されてしまった(日本のジャーナリストの中で、線形計画法という言葉を知っている人は何人いるだろうか)。

ことほど左様に線形計画法は、企業や政府に浸透していたわけだが、ここに二つの疑問が浮上した。一つは、〈現実問題として、これ以上大きな線形計画問題を解く必要はあるのか?〉という疑問。もう一つは、〈単体法の改善はこれから先も可能か?〉という疑問である。

この本の冒頭に取り上げた、アメリン、ブテリン問題を考えよう。この場合、製品が二つで原料は三つだった。実際には、製品が二〇〇種類、原料が三〇〇種類という生産計画問題もあるだろう。しかし、製品が一〇万、原料が一万という問題は存在するだろうか。

それがあるのですね。製品が二〇〇、原料が一〇〇の問題でも、これを五〇週間にわたって生産する問題を考えると、変数の数が二〇〇×五〇イコール一万の線形計画問題が出現する。

なぜなら、二週目に使うことができる原料の量は、一週目にどれだけ使ったかによって変わるからである。三週目は、一週日と二週目の影響を受ける……。これを定式化すると、変数の数が一万、制約条件式が五〇〇〇本の問題が生成される。週単位でなく一日ごとの計画を立てる際には、この七倍、すなわち七万変数の問題を解かなくてはならない。

七〇年代半ばには、線形計画法はもう終わったと言う人もいた。しかし、ダンツィク教授はそう考えなかった。これから先、さらに大きな問題を解くことが必要になる時代がやってくる。これがダンツィク教授の信念だったのである。

当時ダンツィク教授のもとでは、ニュージーランド出身のマイケル・ソーンダース博士が、単体法を用いた線形計画ソフト「ＭＩＮＯＳ」を開発し、それを世界中の研究者に無料で提供していた。ヒラノ教授グループも、八〇年代初めにこのソフトを使って、中型の線形計画問題を解いたことがあるが、なかなか良くできたソフトだった。

より大規模な問題を解くためのソフトとしては、ＩＢＭのＭＰＳ／３７０、ＣＤＣのＵＭＰＩＲＥなどのソフトが鎬《しのぎ》を削っていた。しかし研究者の間では、〈線形計画法は、もう行き着くところまで行ったのではないか〉という閉塞感が漂っていた。

このような状況の中でもダンツィク教授は、一貫して大型線形計画問題に対する効率的な解法を組み立てる研究に取り組んでいた。〈大型の組み合わせ最適化問題や、不確実性のもとでの意思決定問題を解く上で、一層大きな線形計画問題を解かなくてはならない時代がやってくる〉と考えていたからである。

教授が主宰する、大規模線形計画問題に関するゼミには、スタンフォードの学生だけではなく、シリコンバレーの企業や研究所から何人もの技術者が参加して、熱い議論が闘わされていた。

また夏休みになると、全米各地からラルフ・ゴモリー、レイ・ファルカーソン、ロイド・シャプレー、エゴン・バラスなどの有力研究者がスタンフォードを訪れ、セミナーを開いた。かつて応用数学者の間で、〈フォン・ノイマン詣で〉が慣例になっていたように、数理計画法の世界でも、〈ダンツィク詣で〉の研究者が続々スタンフォードにやってきたのである。

5 ブラック・ホール

超大型線形計画問題

ヒラノ青年が、博士資格試験に合格した一九七〇年三月、ダンツィク教授の指導を受けている五人の学生の中で、線形計画法を研究している人は、イスラエルのテルアビブ大学経済学部出身のイラン・アドラーだけだった。

この人が取り組んでいたのは、線形計画法に残された大問題「ハーシュの予想」、

> n次元空間上の$2n$本の超平面(n個の変数で定義される$2n$本の一次不等式)によって決まる凸多面体上の任意の二頂点は、たかだかn本の稜線をたどることによって互いに行き来できるのではないか

である。

六本の一次不等式によって決まる三次元の立方体(一六ページの図3参照)の場合、任意の二頂点は

たかだか三本の隣接稜線をたどることによって行き来できる。たとえば、頂点(0, 0, 0)から頂点(1, 1, 1)に移動するには、

$$(0, 0, 0) \to (0, 0, 1) \to (0, 1, 1) \to (1, 1, 1)$$

という互いに隣接する三本の稜線をたどればいい。同様に一〇〇次元単位立方体の場合でも、たかだか一〇〇本の稜線をたどれば任意の頂点に到達できる。

ではー般の凸多面体についても、この予想は正しいのか。アドラーはダンツィク教授の指導のもとで、この問題に取り組んでいた。

(注)　ハーシュの予想は n が4以下であれば成立する。一般の場合については、二〇一〇年にフランシスコ・サントス教授(カンタブリア大学)によって否定された。サントスは、〈n が43の場合、43次元空間上の86超平面で定義されるある凸多面体上に、87本以上の稜線をたどらなければ到達できない頂点対が存在する〉ことを示している。なお一般の凸多面体の場合は、これよりはるかに多くの稜線をたどらなければ到達できない頂点対が存在するようである。

一方、(線形計画法ではなく)ネットワーク・フロー理論を一般化した「マトロイド理論」を研究しているトム・マグナンティは、「ダンツィク教授は全く相談に乗ってくれない」とぼやいていた。

線形計画法に関係するテーマであれば、教授に面倒をみてもらうことができる。しかし、「ハーシュの予想」のように高度な数学的才能を必要とする問題には、手を出さない方が賢明である。

是が非でもダンツィク教授の支援を得たいと考えたヒラノ青年は、教授が書いた二ダースほどの論文と、一九七〇年に出版されたレオン・ラズドン教授(ケース・ウェスタンリザーブ大学)の『Optimization Theory for Large Systems(大規模数理計画問題の解法)』という本を、徹底的に勉強した。

ここで思いついたのが、ダンツィク教授が一九五五年の論文で取り上げた、「階段状制約条件のもとでの線形計画問題」である。これは、化学薬品会社の五〇日間にわたる生産計画問題に現れる大型線形計画問題である。

ダンツィク教授は、この問題の特別な構造を利用した効率的な方法を考案し、計算量を大幅に減らすことに成功した。しかしこの方法では、五〇日分の問題は解けても、五〇〇日分の問題は解けない。

ヒラノ青年が思いついたのは、偶数日の問題と奇数日の問題を交互に解き、そこで得られた解を組み合わせて元の問題を解く、というアイディアである。この方法を使えば、五〇〇日分の問題でも速く解けるはずだった。

ところがその後間もなく、このアイディアには穴があることに気がついた。次に取り組んだ問題も、たちまち袋小路に入り込んだ。〈多くの研究者が二〇年以上にわたって取り組んだ線形計画法は、ゴールドラッシュ時代にフォーティーナイナーズが掘り尽くした金鉱のようなものではないか。ここで掘り続けても、博士号につながるような宝石は見つからないだろう〉。こう考えたヒラノ青年は、線形計画法から撤退することに決めた。

双線形計画問題

しかし、完全に線形計画法の外に出てしまうと、ダンツィク教授の指導を受けることができなくなる。〈線形計画問題のようであって、線形計画問題そのものではない問題。しかも、これまで誰も解いていない重要な問題はないだろうか〉。

ここで思いついたのが、「双線形計画問題」である。これは二組の n 次元変数 x と y があって、x の値を固定すると y の一次式、y の値を固定すると x の一次式になる「双線形関数」を、一次式制約条件のもとで最小化または最大化する問題である。これこそ、〈線形計画問題のようであって、線形計画問題そのものではない問題〉である。

この問題には、様々な面白い応用がある。したがって、うまく解くことができれば、専門家に注目されること間違いなしである。ではこの問題は解けるのか。

誰でも思いつくのは、x の値を固定して y に関する線形計画問題を解き、その最適解を y^* とする。次に y の値を y^* に固定して、x に関する線形計画問題を解く。その最適解を x^* とした時、x の値を

x^*に固定してyに関する線形計画問題を解く。このようにxとyの一方を固定しながら、次々と線形計画問題を解いて、解を改善していく方法である。

このプロセスを繰り返すたびに、目的関数は改善される。そしていつか、もう改善できないところに到達する。線形計画問題の場合は、行きついた先が最適解であることが保証される。しかし、双線形計画問題の場合は、今求まった頂点対以外に、もっといい頂点対が存在する可能性がある。

双線形計画問題は、「非凸型二次計画問題」と呼ばれる問題の一種で、六〇年代半ばにシュツットガルト大学のクラウス・リッター博士が、一般的な解法を提案している。しかしその後まもなく、この方法には本質的な間違いがあることが判明した。

「非凸型二次計画問題」を〈探検〉にたとえれば、前人未到の大陸の最高地点に登って、それが最高点であることを証明する旗を持ち帰る、という問題である。この大陸には常時雲がかかっていて、地上からはどこが最高点であるか確認できない。もちろん地図もレーダーもない。

このような問題は、普通の方法では解けない。しかし、その特殊ケースである「双線形計画問題」の場合は、ホアン・トイ教授(ハノイ数学研究所)が考案した「トイのカッター」を使えば解けるのではなかろうか。

ヒラノ青年が考案したのは、

凸多面体の適当な頂点を出発したあと隣接頂点をたどって山を登り、周囲により高い山が無いことを確認したら、二度とそこに戻ってくることがないように、トイのカッターを使って今到達した峰を切り落とし、再び山登りを続ける。そして、登るべき山が無くなったところで計算を終える

という方法である。

この方法は時間がかかるが、〈計算が終わったときには、それまで登った峰の中で最も高い峰が最高地点である〉というのが、ヒラノ青年の主張だった。

ではこの方法は、有限回の反復で必ず終わるのか。ヒラノ青年が考案したウルトラC作戦を使えば終わるはずだった。この問題に決着をつけた論文を、ダンツィク教授は「Beautiful!」と絶賛した。またデービッド・ルーエンバーガー教授をはじめとする四人の副審査員も、その正しさを認めてくれた。

こうしてヒラノ青年は、二年一〇か月で博士号を手にした。

双線形計画問題から整数計画問題へ

ところがその二か月後、ヒラノ青年はイラン・アドラー（カリフォルニア大学バークレー校）によって天狗の鼻をへし折られてしまった。ヒラノ法では、いつまでたっても計算が終わらない問題が見つかったというのである。

アドラーが言うとおりだった。ウルトラCには穴があったのである。登った峰を切り落とす方法が悪いせいだと考えたヒラノ青年は、それ以後二年にわたって、トイのカッターを改善するために全力を投入した。しかしいかに努力しても、この問題を解決することはできなかった。ヒラノ青年は、リッターが落ちた陥穽に嵌ってしまったのである。

しかしトイのカッターの切れ味を改善する試みは、それなりの成果を生み出した。そこで、それらをもとにして二編の論文を書き、一流ジャーナルに投稿した。そしてこれらの論文が受理されたところで、双線形計画問題から〈一時的に〉撤退し、これまた線形計画問題のようであって線形計画問題ではない「整数計画問題」に転向した。

そこで、この本の冒頭で紹介したアメリン、ブテリンの例題を使って、「整数計画問題」について説明しよう。

アメリン、ブテリン問題の場合、最適生産量はそれぞれ一トン、二・五トンだった。ところがこれらの商品が化学薬品ではなく、自動車だったとすると、二・五台の車を生産することはできない。ではどうするか。誰でも思いつくのは、(1, 2.5) を四捨五入して、(1, 3) とするやり方である。しかし、図1(第1章)を見るとこの答えは制約条件を満たさない。その場合は (1, 2)、もしくは (2, 2) の組み合わせを調べて、その中からいいものを選び出す……。

ところが、商品の数が多くなると、線形計画問題の最適解の近傍を探って、最もいい組み合わせを求めるにはかなりの手間がかかる(商品数がnの場合、近傍の点は2のn乗個ある)し、制約条件を満たす整数解が一つも見つからないかもしれない。

この問題の最適解を求めるには、アメリン、ブテリンの生産量に整数条件を付けた「整数計画問題」を解けばいい。線形計画問題を繰り返し解くことによって、この問題が有限回の反復で解けることを示したのは、ラルフ・ゴモリー博士(プリンストン大学)である。

この方法は、線形計画問題の最適解(1, 2.5)の周りで、「ゴモリーのカット」を用いて、制約条件の一部を切り落とす方法である。トイの幾何学的カットとは違う代数的発想で開発されたこのカットを使えば、必ず有限回の反復で最適解が求まるはずだった。一九五七年にこのことを証明したゴモリーは、世界的名声を手に入れた。

ところが実用上の問題にこの方法をあてはめると、いくらカットを加えても答えが出てこない場合があることが分かった。理論的には正しいが、実際にはうまくいかなかったのである。この後、多くの研究者がこの方法の改良に取り組んだが失敗に終わった。かくしてゴモリーの方法は、理論倒れの代表と呼ばれることになるのである。

ところが七〇年代半ばになると、様々な新しい手法が開発され、これらを使って大規模な巡回セールスマン問題やスケジューリング問題が解ける可能性が生まれた。

この分野であれば、何かの結果を出せるのではないかと考えたヒラノ助教授(筑波大学)は、日本

ＯＲ学会に「整数計画研究部会」を組織し、十数人の仲間とともに三年にわたって勉強を続けた。

この勉強会では、数々の面白いアイディアが提案された。しかし、パソコンが出現する前の時代だったため、アイディアの良し悪しを検証するのは容易ではなかった。

アイディアはあっても、それが本当に役に立つことを実証できなければ、論文にはならない。研究費も研究時間もない〈教育・雑務マシーン〉がやれることは、アメリカの後追い調査ばかりで、オリジナルな研究論文を書くことはできなかった。

アメリカには太刀打ちできそうもないと考えたヒラノ助教授は、研究会で行った調査結果をもとにして二冊の教科書を書いたあと、この分野からも撤退した。

フレンチ・レストラン経営で失敗した男が、イタリアン・レストランを開いてまた失敗したようなものである。かくしてヒラノ青年は、博士号を取って以来一四年にわたって（研究者ではなく）調査マンとして暮らすことになったのである。

ＮＰ完全問題

〈計算機が速くなれば、より大きな線形計画問題が解けるようになる。しかしこれから先は、一〇年で一〇倍の法則を維持することはできないだろう〉。これが、七〇年代初めに研究者集団を覆っている空気だった。

その一方で、線形計画法の延長線上に生まれた、「非線形計画法」や「組み合わせ最適化法」が順調な発展を続けていた。これらの研究領域を総称する「数理計画法」という名称が定着し、ダンツィク教授を会長とする「国際数理計画法学会」が設立されたのは、ヒラノ青年が博士号を取得した一九七一年である。

この学会の要職を占めたのは、アメリカ在住のユダヤ系勢力だった。学会設立に先立って理事候補の推薦を求められたヒラノ青年は、わが国における線形計画法の権威である森口繁一教授と、ネットワーク・フロー理論のチャンピオンである伊理正夫助教授(東京大学)の名前を挙げた。国際的によく知られているこの人には、十分な資格があると考えたのだが、残念ながら採用してもらえなかった。

「線形計画法の父」が「数理計画法の父」と名前を変えたあとも、線形計画法の重要性は変わらなかった。応用分野はますます広がっていたし、より難しい問題を解く際に、線形計画法の力を借りるケースが多かったからである。

そこでその代表例として、「巡回セールスマン問題」を紹介しよう。これは、

自宅を出発したセールスマンが、得意先を一回ずつ訪れたあと自宅に戻る際に、どのような順番で得意先を回れば、移動距離が最も少なくて済むか

という問題である。すべての得意先を一回ずつ訪れて自宅に戻るルートは、「ハミルトン・サイク

ル」もしくは「巡回路」と呼ばれている。

〈小学生でもわかる〉この問題には、超ＬＳＩ素子の配線問題など、いくつもの重要な応用がある。また研究者たちは、この問題を解くことが、その他の難しい組み合わせ最適化問題を解く上での突破口になると考えていた。

得意先が一〇か所程度の巡回セールスマン問題は、地図を眺めればすぐに解ける。しかし得意先の数が多くなると、この問題は急に解きにくくなる。あらゆる巡回路を調べ上げれば、最短巡回路が求まるのはもちろんだが、巡回路の数は得意先の数とともに爆発的に増えるからである。

多くの研究者が、効率的な解法を求めて、何年にもわたって研究を続けた。しかしその努力にもかかわらず、この問題を速く解く方法は見つからなかった。ここに出現したのが、「ＮＰ完全理論」という〈悪魔の理論〉である。

一九七〇年代初め、ヒラノ青年が博士論文に取り組んでいたころ、スタンフォード大学のライバルである、カリフォルニア大学バークレー校のリチャード・カープ教授が、
もし巡回セールスマン問題が速く解けるのであれば、すべての組み合わせを数え上げなければ最適解が求まりそうもないもう一つの超難問「充足可能性問題」も速く解けることになる。しかし、そのようなことは考えにくい。

という論文を発表した。なおこれらの〈たちの悪い〉問題群は「ＮＰ完全問題」とよばれている。

（NPとはノン・ポリノミアル(non-polynomial)の略。問題を記述するデータの数の多項式(polynomial)のオーダーの計算量で解ける問題をP問題、解けそうもない問題をNP困難問題という）。

その後まもなく、大勢の研究者の努力にもかかわらず、効率的な解法が見つからなかった難問の多くが、このグループに属することが分かった。この結果、悪魔の輪は次第に大きくなっていった。NP完全族に所属する問題の中の、どれか一つに対する効率的な解法――専門家が効率的と呼ぶのは、変数の数が一〇〇倍になった時に、それを解くために必要となる計算量が一〇〇の二乗倍(一万倍)もしくは一〇〇の三乗倍(一〇〇万倍)になっても、二の一〇〇乗倍(一〇の三〇乗倍)にはならないような解法のことをいう――が見つかれば、NP完全族のすべての問題に対して効率的解法がみつかるという「NP完全理論」は、次々と難問を吸いこんでいく〈ブラック・ホール理論〉だった。

NP完全問題が効率的に解けるか解けないかという問題は、専門家の間で「P＝NP問題」と呼ばれている。

スーパーコンピュータ・メーカーのクレイ社は、二〇世紀末にいくつかの未解決問題を「ミレニアム問題」と命名し、そのトップに「P＝NP問題」を取り上げ、巡回セールスマン問題をはじめとするNP完全問題に対する効率的解法を見つけた人、もしくはそのような解法は存在しないということを証明した人には、一〇〇万ドルの賞金を出すと宣言している。

また「ポアンカレ予想」に関する業績で、数学界最高の賞であるフィールズ賞を受賞したスティーブン・スメール教授（カリフォルニア大学バークレー校）は、「P＝NP問題は、数学上最も美しく重要な未解決問題だ」と言っている。

かつては専門用語だったこの言葉は、いまでは一般にも広く知られるようになった。たとえば東野圭吾氏は、直木賞受賞作『容疑者Xの献身』で、P＝NP問題に取り組む天才数学者・石神を登場させている。

NP完全理論は、これらの問題を研究していた人たちを絶望の淵に叩き込んだ。しかし研究者たるものは、何もやらずに過ごすわけにはいかない。かくして彼らは、以下に紹介する四つのグループに分かれて研究を続けた。

第一のグループは、難しい問題を見つけてきて、それがNP完全問題であること、つまりうまく解けそうもないということを証明して業績稼ぎをする人たちである。世界中で〈論文書きまくり文化〉が浸透する中で、各種専門誌はこの種の〈役に立たない〉論文で溢れかえった。

第二のグループは、NP完全であることを知りながらも、厳密かつ高速な解法を追い求めた人たちである。気の毒なことに、これらの人はすべて討ち死にした。悪魔の代表格である巡回セールスマン問題に取り組んで、発狂した人や命を絶った人は何人もいる。

難問に捕まった人は、絶望と狂喜を繰り返すうちに、精神に異常をきたしてしまうのである。ヒラノ教授は若いころ、双線形計画問題というモンスターに捕まってのたうちまわった経験があるので、それ以後は、この種の問題には近づかないよう注意してきた。

第三のグループは、厳密でなくてもいいから、まずまずいい答えを速く求める方法――これらの方法は、「ヒューリスティック解法」と呼ばれている――を研究する人たちである。厳密でなくても、実用の役に立つ答えが出ればいいのであれば、問題の特殊構造を利用した様々な工夫が可能である。このような研究をやっているヒューリスティック族は、明るくて陽気な人が多かった。

第四のグループは、大規模な問題を解くための〈十分に実用的な解法〉を研究する人たちである。この人たちの拠り所になったのが、一九五四年に発表された、ダンツィク＝ファルカーソン＝ジョンソンの論文である。

この三人がやったことは、

(i) 巡回セールスマン問題から、問題を難しくしている〈巡回路(一筆書き)条件〉を取り除いた問題を解く(この問題は輸送問題になるので、単体法を使えばすぐに解ける)。解いた結果、すべての得意先を一度だけ回る一筆書き(巡回路)が生成されていれば、(最適解が得られたので)計算終了。そうでない場合、すなわち一部の都市を回るルート(部分巡回路)がいくつか生成された場合は、

(ii) 輸送問題に、現在の解に含まれる不都合な部分(部分巡回路)を削除する、ある一次式制約条

件を追加した線形計画問題を解くことである。このようにして、次々と制約条件を追加していけば、いずれ最適解が求まるのではなかろうか、というわけである。

この予想は当たった。ダンツィク・チームはこの方法を使って、全米の四二都市を回る巡回セールスマン問題を、速く解くことに成功している。このアプローチは、発表当時はそれほど注目されなかったが、NP完全理論が登場した七〇年代以降再評価されるようになった。

「NP完全理論」は、数学もしくは計算理論の立場から見れば、きわめて重要な理論である。しかし応用を重視するORの立場からは、いささか疑問符がつく理論である。なぜならここで言う〈うまく解くことができる〉とは、〈ある問題が与えられた時、最悪の場合でも問題のサイズ、たとえば変数の数の多項式オーダーの手間で解ける〉という意味だからである。

線形計画問題はたいていの場合、ダンツィクの単体法で速く解ける。平均的には変数の数の数倍の手間で解ける。しかし中には、クリー＝ミンティーの問題のように、多項式オーダーでは解けない問題がある。〈最悪のケース〉を想定したNP完全理論によれば、単体法はいい解法だとは言えないのである。

実用を重視するOR研究者の中には、NP完全理論に疑問を感じる人がいた。世の中に難かしい問題があるのは確かだ。しかし最悪の場合には膨大な時間がかかるとしても、様々な工夫を施すことによって、ほとんどの場合うまく解ける問題もある――。

しかし、うっかり〈(実用を重視する)ORの立場からは、NP完全理論にこだわる必要はない〉と発言すれば、NP完全原理主義者から袋叩きにあう。現役時代のヒラノ教授は、原理主義者が怖いので黙っていた。しかし勇者はいたのである。エゴン・バラス教授の一番弟子であるマンフレッド・パドバーグ教授(ニューヨーク大学)がその人である。

この人はNP完全理論全盛時代に、巡回セールスマン問題に対する〈実用的な解法〉に取り組む傍ら、原理主義者をワーストケイシスト(最悪のケースばかり考えるコマッタ人)という言葉で批判している(なおこの人は二〇〇〇年に、大規模な巡回セールスマン問題をうまく解いた功績で、ORにおける最高の賞であるフォン・ノイマン賞を受賞している)。

ヒラノ教授は大多数の研究者と同様、P=NPは成り立たないだろうと考えている。しかし、NP完全問題だからというだけの理由で諦める必要はない。さまざまな工夫を施すことによって、〈ほとんどの場合うまく解ける方法〉を考案することは不可能ではない、と思っているからである。

実際第11章で紹介するように、「線形乗法計画問題」はNP困難問題であるにも拘わらず、ほとんどの場合簡単に解けるのである。

6 ノーベル経済学賞

エネルギー計画問題

一九七四年から七五年にかけて、ヒラノ青年は二回に分けて六か月ずつ、合計で一年間ウィーン郊外にある「国際応用システム分析研究所（IIASA）」で研究生活を送った。

この研究所は、ベトナム戦争終結後の〈デタント（緊張緩和）政策〉のもとで、米・ソ両国をはじめとする東西一六か国が協力して、世界レベルの複雑な問題を分析するために設立されたものである。ダンツィク教授をリーダーとする「方法論プロジェクト」の一員として、「エネルギー・プロジェクト」のサポート役を務めるヒラノ青年に割り当てられたのは、〈原子力界の帝王〉ウォルフ・ヘッフェレ教授（カールスルーエ高速増殖炉研究所長）がその前年に発表した、「ヘッフェレ＝マン・モデル」を検証する作業である。

このモデルは、一九七五年から二〇一〇年までの三五年間にわたる「最小コスト発電システム」

を求めるための線形計画モデルで、ヒラノ青年に与えられた仕事は、このモデルで採用されている八つのパラメータ、たとえば化石燃料やウラン鉱石の埋蔵量と価格、世界のエネルギー需要量、新技術（高速増殖炉や新型転換炉）の実用化に要する時間などを〈少々〉変化させた場合に、最小コスト発電システムにどのような影響が及ぶかを検討する作業である。

このためには、八つのパラメータのそれぞれに、三つの異なる値を設定して得られる、3の8乗個（六五〇〇個！）の線形計画問題を解かなくてはならない。二〇〇〇変数、一〇〇〇制約条件の線形計画問題を六五〇〇回繰り返し解くには、一つにつき一分としても一一〇時間、五分とすれば六〇〇時間以上かかる。

ところが、この問題を解くために要した時間は、一〇時間程度に過ぎなかった。CDC6600という計算機で、UMPIREという線形計画ソフトを使って解いたのだが、パラメータの値が少し異なる問題の最適解は、双対単体法を利用した「感度分析機能」を使うことによって、元の問題の最適解から容易に求めることができたからである。

計算はすぐ終わったが、面倒なのは計算結果の整理と、その経済学的分析だった。学生時代に、〈線形計画法は、理論は単純だが計算は恐ろしく面倒だ〉と思ったヒラノ青年は、その一二年後に〈計算は簡単だが、計算結果の経済学的分析はおそろしく面倒だ〉と宗旨替えした。

計量経済学者のT・N・スリニバサン教授（インド経営大学院）と協力して、三か月がかりで行った分析結果は、依頼主のヘッフェレ教授だけでなく、アドバイザー役のチャリング・クープマンス教授（イェール大学）から、過分なおほめをいただいた。

それまでは、理論（計算方法）にしか関心が無かったヒラノ青年は、ここで初めて応用研究の面白さと面倒臭さを知ったのである。

大惨事

その後まもなくダンツィク教授はスタンフォードに戻り、クープマンス教授が方法論プロジェクトのリーダー役を引き継いだ。線形計画法が生まれた一九四七年以来、その普及に貢献したクープマンス教授が、四つ年下のダンツィク教授と談笑している姿は、仲がいい兄弟のように見えた。

ユダヤ人を迫害するロシア人を嫌っていたダンツィク教授と違って、クープマンス教授はKGBエージェント風のロシア人とも、分け隔てなく付き合っていた（一説によると、この時代の国際機関はKGBエージェントの巣窟だった）。四か月あまりクープマンス教授の薫陶を受けたヒラノ青年は、経済学者の中には、能力・見識・人格ともに優れた人がいることを知った。

後日、山下和美氏のマンガ『天才・柳沢教授の生活』で、横浜国立大学経済学部の柳沢良則教授にお目に掛かった時、ヒラノ教授はクープマンス教授を思い出した。その高潔な人柄と、疑問があればとことん解明に務めるところは、柳沢教授とそっくりだった。

研究・観光天国のウィーン生活から、教育・雑務地獄の筑波に戻る直前の一九七五年一〇月、衝撃波が研究所を襲った。

一九七五年度のノーベル経済学賞が〈資源の効率的配分方法〉、すなわち線形計画法を対象に授与された際に、受賞者に選ばれたのは、クープマンス教授とレオニート・カントロビッチ教授(ソ連科学アカデミー)の二人だけで、最大の功労者であるダンツィク教授が外されてしまったのである。

この件についてはご存じの読者も多いと思われるが、線形計画法について語る上では欠かせない大事件なので、暫くお付き合い願うことにしよう(よく知っている方は、八二ページまで飛ばして下さい)。

計量経済学者であるクープマンス教授は、早くから経済学における線形計画法の重要性に注目し、単体法が生まれた一九四七年に、シカゴ大学で大掛かりなシンポジウム(第0回国際数理計画法シンポジウム)をオーガナイズしている。

この集会には、ケネス・アロー、ポール・サミュエルソン、ヤコブ・マルシャクなどの経済学者と、ジョージ・ダンツィク、アルバート・タッカー、ハロルド・キューンなどの(応用)数学者が参加し、線形計画法の理論と応用に関する研究成果が発表された。

このシンポジウムで発表された論文をもとにして、クープマンス教授が編集した『Activity Analysis(活動分析)』という本は、数学者や経済学者に線形計画法の重要性を知らしめる上で、きわめて重要な役割を果たした。

クープマンス教授は、自ら線形計画法そのものの研究に手を染めることはなかったが、主流派経済学者が線形計画法に対する関心を失っていく中で、一貫してダンツィク教授たちの実用的研究を支援した。

もう一人のカントロビッチ教授は、単体法が出現する八年前の一九三九年に、『組織における数学的方法と生産計画』という小冊子を出版し、様々な経済問題や組織上の問題が、線形計画問題として定式化できることを示している。また一九四二年に発表した論文では、輸送問題の解法について論じている(ただし、完全な解法を導くまでには至らなかった)。

「資源の効率的配分問題」におけるクープマンス、カントロビッチ両教授の〈経済学上の功績〉について、異論をはさむ人はいない。しかし、もう一人分の枠が残されているにもかかわらず(ノーベル賞は三人までの共同受賞を認めている)、単体法を考案して、資源の効率的配分問題が実際にうまく解けることを示したダンツィク教授が外されてしまったのである。

経済学の立場では、たとえ問題が解けなくても、その存在を示すだけで業績になるのかもしれないが、OR(数理工学)の立場からは、実際に問題が解けることを示さなくては意味がない(これは二つの文化と言うべき決定的な違いである)。

方法論プロジェクトのリーダーを務めるクープマンス教授の受賞は、研究所として最高の栄誉である。一方、その前任者であるダンツィク教授が選考から漏れたのは、大惨事である。

ノーベル経済学賞の選考には、かねて様々な批判があった。しかし、授賞対象になった研究テーマについて、最も功績がある人が選考に漏れることは、かつてなかったことである。既にノーベル経済学賞を受賞しているポール・サミュエルソン、ケネス・アロー両教授や、当事者であるクープマンス、カントロビッチ両教授も、この選考結果に強い疑義を表明している。

この時のクープマンス教授の当惑は、尋常なものではなかった。一時は受賞辞退の噂まで流れた。最終的には夫人の説得で受賞を受け入れたが、「ジョージとともに受賞できなかったのは、生涯の痛恨事だ」という授賞式でのスピーチは、後々までの語り草になった（なおクープマンス教授は、自分に与えられた賞金の半分を、ダンツィク教授の取り分として研究所に寄付している）。

この時関係者の間で囁かれたのは、線形計画法誕生直後の、ダンツィク教授とアブラハム・チャーンズ教授（ノースウェスタン大学（当時））の確執である。

ダンツィク教授より三つ年下のチャーンズ教授は、単体法が発表されるより前に、線形計画問題を解く方法を考案していたと主張した。学問の世界では、同じ頃に同じようなことを思いつく人がいるものだ。しかしその後の検証により、ダンツィクのほうが早かったというのが、専門家たちのコンセンサスになったのである。

単体法一番乗りで涙をのんだチャーンズは、ダンツィクが単体法の改良に取り組んでいる間に、線形計画法の産業への応用に関する様々な研究を行った。そしてダンツィクのバイブルより一〇年早い一九五三年に、『線形計画法入門』という小冊子を出したあと、一九六一年には、同僚のクーパー、ヘンダーソン両博士と共著で、『経営モデルと線形計画法の産業への応用』という本を出版し、線形計画法の普及に貢献した。

またこの人は、「DEA」と呼ばれる線形計画法を用いた企業評価手法を提案したことや、チャーンズ学派を率いて、次代を担う数々の優れた人材を育てたことでも知られている。

〈クープマンスとカントロビッチは外せない。ダンツィクの功績は傑出しているが、チャーンズの功績も無視できない。しかし枠は三人分しかないから、二人とも入れるわけにはいかない。一方だけ入れると、もう一方からクレームがつく。面倒だから、両方とも外してしまえ〉。

しかし、ダンツィクとチャーンズの功績を秤にかければ、チャーンズ学派に属する人以外は、ダンツィク教授に軍配を上げるだろう。(ヒラノ青年を含む)ダンツィク・スクールから見れば、線形計画法の最大の功績者は、誰が何と言ってもダンツィク教授なのである。

経済学とOR

ヒラノ青年はこのあとしばらく、ダンツィク＝チャーンズ確執説を信じていた。しかしその後、〈ノーベル経済学賞に影響力を持っている大物経済学者たちが、線形計画問題を解くための計算方法の研究は、数学であって経済学ではないと判断したためだ〉と考えるようになった。

一九八〇年代に入って、金融工学に参入したヒラノ教授は、多くの(金融)経済学者と付き合ってみて、彼らが〈経済学者の経済学者による、経済学者のための経済学〉の僕《しもべ》であることを知ったからである。

六〇年代半ばまで、経済学は線形計画法やORと密接なつながりを持っていた。クープマンスやサミュエルソンなどの経済学者と、タッカーやダンツィクを代表とする応用数学者(ORの専門家)が協力して、この分野を発展させてきたのである。

ところが六〇年代半ば以降、経済学と線形計画法は別々の道を歩むようになった。一方は、経済現象を大所高所から分析する道を、もう一方は、企業や組織に関わる現実的問題を解く道を選んだのである。

現実問題を解くには、大量の計算が必要になる。また現実問題には、ややこしい付帯条件が付いていて、得られた最適解を、現場の条件に合うよう修正しなくてはならないことも多い。修正すれば採用して貰えるならまだいい。実際には、最適解を求めてもそれを実施できないこともある。後に紹介する、線形計画法を使った東工大の学科所属問題がその好例である。この方法を使えば、従来のやり方より良い結果が得られることが分かっていても、あるグループが反対すれば、実施することはできないのである。

経済学者は、現実に合わせて理論を修正することを好まない。また計算がお好きでない彼らは、面倒な計算をやらずに問題を解こうと考える。この結果、主流派経済学者は、現場の厄介な問題を解くことに関心を示さなくなったのである。

〈このような空気の中で、ノーベル経済学賞委員会は、線形計画問題を解くための方法は、〈応用〉数学であって経済学ではないと見做したのだ〉というのが、ヒラノ教授の結論である。

しかし、もしダンツィク教授がプリンストン高等研究所にフォン・ノイマンを訪れたあと、「双対定理」の証明をしかるべきジャーナルで発表していたら、外されることはなかっただろう。第2章でふれたように、双対定理はゲーム理論やミクロ経済学の根幹にかかわる大定理だからである。

授賞式に招待された「線形計画法の父」は、努めて平静を装っておられたが、その胸中は察するに余りあった。クープマンス、カントロビッチ教授を祝福するダンツィク教授の写真を見て、ヒラノ助教授は悔し涙を流す一方で、いつの日にか〈悔い改めた〉ノーベル賞委員会が、〈現実の資源配分問題を具体的に解決する方法を考案した功績〉を理由に、ダンツィク教授に賞を贈る日が来ることを期待していた。

アメリカOR学会は、ノーベル賞事件と相前後して、一九七五年に「フォン・ノイマン理論賞」を創設し、ダンツィク教授をその第一回授賞者に選んでいる。若いころフォン・ノイマンからもらった激励の手紙を、生涯肌身離さず持ち歩くほどフォン・ノイマンを尊敬していたダンツィク教授であるが、この賞といえども、また同じ年に授与された大統領メダルといえども、ノーベル賞外しの傷を癒すことはできなかったようである。

線形計画法は終わったのか

大惨事が起こった七〇年代半ば、線形計画法そのものを研究している人はほとんど姿を消した。論文を書かなければ生きていけない研究者たちは、二五年間採掘を続けた古い鉱脈から、より新しい「非線形計画問題」や「組み合わせ最適化問題」という鉱脈に移っていったのである。

七〇年代初めにスタンフォード大学を訪れた日本人経済学者のS博士は、ヒラノ青年が「ダンツィク教授のもとで博士論文を書いている」と言った時、「いまごろ線形計画法なんか研究して、どうなるのですか」という問いを発したが、経済学者にとって線形計画法は〈もう終わった〉話だった。

この時ヒラノ青年は、「今頃から経済学をやるよりはましでしょう」と言おうかと思ったが、経済学者と議論しても勝てる見込みはないので言わなかった。

ここで、〈経済学と線形計画法のどちらがよりましか〉について賭けをしていたら、（のちに説明するように）ヒラノ教授の勝利に終わったはずである。残念なことをしたものだが、弁が立つ経済学者はたとえ負けても、それを認めないだろう。

七〇年代半ば、『ネットワーク』という映画の中のセリフが示すように、線形計画法は多くの企業で日常的に使われていた。しかし、それらは情報システムの中に埋め込まれてブラックボックス化し、外からは見えなくなってしまった。

ヒラノ青年は七二年から七三年にかけて、ウィスコンシン大学の「数学研究センター」で一年間の研究生活を送ったが、ここで知り合ったジョン・ダンスキン博士が、ヒラノ青年を同僚に紹介するにあたって、「ドクター・ヒラノ以上に線形計画法に詳しい人は知らない」と言った時、「この男は、線形計画法(のような古臭くてつまらないこと)しか知らない」と言われたような気がしたものである。

一九七九年にモントリオールで開催された国際数理計画シンポジウムでは、六〜七〇〇件の研究発表が行われたが、その中の線形計画法の理論的研究に関する発表は一〇件に満たなかった。しかし、そのような状況の中でも、ダンツィク教授の信念は変わらなかった。

〈いずれ必ず、もっと大きな問題を解かなければならない時代がやってくる。その日のために、超大型線形計画問題を解くための方法を研究する必要がある〉と考えていたのである。

ダンツィク教授の盟友たちは、この当時もダンツィク教授がノーベル賞を受賞する可能性は十分にある、と考えていた。しかしヒラノ青年は、経済学が帝国主義的色彩を強める中で、線形計画法〈二度目の正直〉は実現しないだろうと思っていた。

六〇年代初めに、サミュエルソン教授(MIT)がアメリカ経済学会で行った会長演説で、「結局のところ経済学者というものは、この世でただ一つの価値ある貨幣のために身を粉にする。その貨幣とは、経済学者からの称賛である」と述べたことが示す通り、経済学者は経済学者コミュニティに所属しない人の仕事を評価しない生き物なのである。ましてや、既に終わったはずの線形計画法が授賞対象に選ばれることなど、あるはずがない――。

しかし世の中というものは、何が起こるか分からないものである。終わったはずの線形計画法に、再びスポットライトが当たる日が巡ってくるのである。

7 ディキン＝カーマーカー法

カーマーカー登場

一九八四年の秋、ニューヨーク・タイムズの第一面に、〈線形計画法に画期的新解法出現〉というタイトルで、次のような記事が掲載された。

ＡＴ＆Ｔベル研究所に勤めるインド出身のナレンドラ・カーマーカー博士が、従来から使われてきた方法に比べて五〇倍から一〇〇倍速い線形計画問題の新解法を発明した。この解法の出現によって、これまでうまく解けないと考えられてきた巡回セールスマン問題などの難問群が、一挙に解決される見込みが出てきた――。

この記事は日本でも、朝日新聞や読売新聞など、全国紙の第一面に転載された。ヒラノ教授が記憶している範囲でいえば、数学に関する話題が一般紙の一面に取り上げられたのは三回だけである。

一回目は、一九七六年にイリノイ大学のアッペル、ハーケン両博士が「四色問題」を解決した時。二回目は、一九九〇年に森重文教授（名古屋大学（当時））が、「三次元代数多様体の極小モデルの存在定理」でフィールズ賞を受賞した時。そして三回目は、一九九二年にアンドリュー・ワイルズ教授（プリンストン大学）が、「フェルマーの最終定理」を証明した時である。

「四色問題」と「フェルマーの最終定理」は、専門家だけでなく、多くのアマチュア数学者が関心を持っている有名な問題である。また「三次元代数多様体」が何のことか分からなくても、フィールズ賞が〈数学のノーベル賞〉と呼ばれていることを知る人は多い。ところが線形計画法は、その道のプロにとっては重要でも、一般の人が関心を持つような問題だとは思えない。

では、なぜこの記事がニューヨーク・タイムズの第一面に出たのか。それは「AT&Tベル研究所」が、八人目のノーベル賞を狙って宣伝工作を仕掛けたためである。

ベル研究所は、一九三〇年代から七〇年代にかけて四回、合計で七人のノーベル物理学賞受賞者を生み出した、世界のセンター・オブ・エクサレンスである。ところが一九七八年を最後に、なかなか八人目が出なかったのである。

数学はノーベル賞の対象にはならない。しかし線形計画法は、九年前にノーベル経済学賞の対象になっている。この時はダンツィク教授が外されて大騒ぎになったが、ベル研は画期的新解法が登場した機会に、ダンツィク、カーマーカーが共同受賞する可能性は十分あると踏んだのである。

この時の記者会見には、ベル研の情報システム部門のディレクターを務めるロナルド・グラハム博士(この人は、〈放浪の天才数学者〉ポール・エルデシュ博士の親友で、アメリカにおける組み合わせ数学の権威である)が同席し、カーマーカーの業績を称えている。

しかしこの記事を目にした時ヒラノ教授は、ニューヨーク・タイムズの記者が、ベル研の発表内容を聞き間違ったのではないかと考えた。

ノーベル賞、二度目の正直

「巡回セールスマン問題」は世界中の研究者が、(線形計画問題のように)速く解くことはできそうもないと考えている「NP完全問題」の代表である。したがって、たとえ線形計画問題が一〇〇倍速く解けるようになっても、それだけで巡回セールスマン問題が速く解けるようにはならない。

また、記事の中の〈従来の方法〉というのは、単体法を指しているはずだが、これまでも何回か、単体法をしのぐ〈画期的方法〉が提案されたにもかかわらず、いずれも期待外れに終わったことを、専門家なら誰でも知っていた。

たとえば一九七三年には、アルゼンチンのヒューゴ・スコールニク博士が、制約条件式の数と同じ回数の反復で最適解が求まる方法を提案して、大騒ぎになっている。スタンフォード大学で開催された「第八回国際数理計画法シンポジウム」で、スコールニクの発表を聞いていたヒラノ青年は、隣に座っていたダンツィク教授の驚きの声と、「Something is wrong（どこかが間違っている）」という呟きを、今もはっきり記憶している。

案の定、その後一か月もしないうちに簡単な反例が見つかったため、空騒ぎに終わった。スコールニクは大恥をかいたが、抹殺されることはなかった（この後何回か、この人の名前を見かけた）。

また一九七九年には、ソ連の数学者レオニード・ハチアンが、「楕円体法」と呼ばれる方法を発表してセンセーションを巻き起こした。この方法は、多くの研究者が探し求めていた〈多項式オーダーの解法（最悪の場合でも、入力データの数の二乗、三乗程度の手間で解ける解法）〉である。一方の単体法は、クリー＝ミンティーが示したように、多項式オーダーの解法ではない。

ところが、理論的には速いはずの楕円体法は、実際の線形計画問題を解く上では、単体法に完敗してしまった（なおこの方法は、線形計画問題より難しい「非線形計画問題」や「組み合わせ最適化問題」の分野で重要な役割を果たした）。

ニューヨーク・タイムズの記事を見て、オオカミ少年の寓話を連想したヒラノ教授は、今回も空騒ぎで終わるだろうと思っていた。ところが一九八四年夏に、スタンフォード大学で開かれたセミナーで、〈カーマーカーの方法は多項式オーダーの解法であって、実用的にも単体法に匹敵する性能を持つ可能性がある〉ことが明らかになった。

このセミナーには、ジョージ・ダンツィク、ラルフ・ゴモリーなどの数理計画法の大御所だけでなく、ノーベル経済学賞を受賞したケネス・アローや、「ポアンカレ予想」でフィールズ賞を受賞したスティーブン・スメールなどの数学者も参加した。

一〇〇倍速い解法が出現して、超大型の線形計画問題が解けるようになれば、経済や産業に与えるインパクトはきわめて大きい。そうなれば、ベル研究所が意図した通り、ノーベル経済学賞選考委員会が、ダンツィクとカーマーカーにノーベル賞を贈る可能性は十分ある。

アフィン変換法

カーマーカー法の中には、「射影変換法」と「アフィン変換法」という二つのバージョンがある。前者はハチアンの楕円体法と同様〈多項式オーダーの解法〉であるが、実用性が高いのは（多項式オーダーかどうか不明であるが）後者だと言われていた。

これらはいずれも、単体法のように凸多面体の縁にある頂点をたどるのではなく、その内部を通って最適頂点に到達しようという方法である。

内部を進むほうが、縁をたどるより速く最適点に到達できるのではないか。これは、誰もが考えることである。実際一九五〇年代以来、何人もの研究者が内部を通る方法を提案している。ところが、どれも単体法に勝つことはできなかった。この結果六〇年代に入ると、〈急がばまわれ〉の単体法が、線形計画問題の解法として不動の王座を手に入れたのである。

四〇年近い歴史を持つ数理計画法の世界では、新しい解法を考案した研究者は、どのような問題をどのような計算機で計算した時に、どのくらいの時間で解けたかを公開するのがルールになってきた。

ところがカーマーカーは、単体法より一〇〇倍速いと主張するだけで、計算結果を公開しなかった。世界のセンター・オブ・エクサレンスが、このような掟破りを黙認しているのはなぜか。

ここで囁かれたのが、レーガン政権が進めていた「ＳＤＩ（スターウォーズ）プロジェクト」との関係である。カーマーカー法は、対ソ軍事作戦上重要な役割を担っているので、詳細の公表を禁じられているようだ、というのである。

ソ連の核ミサイルが発射された時に、宇宙ステーションからそれと確認するためには、大掛かりな画像処理を行う必要がある。そしてそのためには、超大型の線形計画問題を速く解かなければならないというのである。

アメリカにおいて、線形計画法などのＯＲ技術に巨額の研究費が投じられてきたのは、この技術が軍事上大きな役割を担ってきたからである。アメリカ人研究者にとって、線形計画法の軍事利用は、昔々から当たり前のことだった。

しかし、世界を破滅に導く危険性があるスターウォーズ計画に使われるとなると、話は別である。

このことを知った研究者の中には、「カーマーカー法の研究はやらない」と宣言する人もいた。今から数年前に、生物兵器への転用の可能性があるという理由で、新型ウイルスの研究が一時中断させられる事件が起こったが、この当時SDI構想を恐れる研究者は少なくなかったのである。しかし、そのようなことを気にしない研究者は、カーマーカー法に飛びついた。

一九八六年に入ると、アフィン変換法に関するいくつかの実験結果が報告された。その中で特に注目されたのが、カーマーカーが(ダンツィク教授の弟子である)イラン・アドラー(カリフォルニア大学バークレー校)と協力して行った計算実験である。

この報告によれば、アフィン変換法に少々工夫を施すことによって、ダンツィク教授のもとで、マイケル・ソーンダース博士のグループが一〇年がかりで開発した、単体法を使った線形計画ソフト「MINOS」より速く、大型線形計画問題を解くことができるという。

〈あの程度の工夫で「MINOS」に勝てるのであれば、もっと速い解法を作ることができるかもしれない――〉。こうして、数理計画法始まって以来の熾烈な研究競争が幕を開けたのである。

塀の外から飛び出してきた天才

この当時、カーマーカーには〈無法者〉のレッテルが貼られていた。まずは、スタンフォード大学で開かれたセミナーで、アロー、ダンツィクという大家に向かって暴言を吐いた事件。次は、ダラスで開かれたアメリカＯＲ学会で講演した際に、派手な宣伝活動を行う一方で、計算結果を公開しないというルール違反。そして、ＭＩＴで開かれた国際数理計画法シンポジウムにおける、技術的質問に対する回答拒否と、ベル研の同僚とのアイディアの優先権をめぐる罵り合い、エトセトラ。

そして悪名を決定づけたのが、カーマーカー法に対する特許出願である。数学的解法を特許出願した例は過去にもいくつかあったが、数理計画法の世界ではこれが初めてである。

すべてをオープンにして競争してきた研究者集団は、線形計画法を私物化する特許申請を許しがたい暴挙と受け止めた。もしこの特許が認められれば、カーマーカー法を改良する研究を行う際には、カーマーカーとベル研に特許使用料を支払わなくてはならない。そのようなことになれば、研究活動に悪影響が出る。

インド工科大学の電気工学科を最優秀の成績で卒業したあと、カリフォルニア大学バークレー校のコンピュータ・サイエンス学科で、「ＮＰ完全理論」のチャンピオンであるリチャード・カープ教授のもとで博士号を取ったカーマーカーは、数理計画法の中心から外れた世界で育った天才だった。後にカーマーカーのライバルになるデビッド・シャノ教授（ラトガース大学）は、カーマーカーを「野球に譬えれば、外野の塀の外から飛び出してきたような男だ」と評している。

ダンツィクとアローが忌避しているカーマーカーと、ダンツィクの弟子であるアドラーが協力して、ダンツィクの単体法を打ち負かす結果を出した巡り合わせに、ヒラノ教授の体は震えた。

〈無法者〉のレッテルを貼られたカーマーカーは、八五年に小島政和助教授の招きで東京工業大学を訪れ、数回にわたってセミナーで講演し、参加者の質問に紳士的に答えている。参加者の一人である刀根薫教授(埼玉大学)は、「案外まともじゃないか」という感想を漏らしたが、ヒラノ教授もそれに同意した。

小島教授はこのあと、水野眞治、吉瀬章子氏ら、優秀な学生と協力してカーマーカー法の改善に取り組み、世界中の研究者が鎬を削った研究競争で、チャンピオンの座を射止めるのである。

シベリアの怪人

一九八八年は、日本の数理計画法関係者にとって記念すべき年である。一九四七年に線形計画法が誕生した直後にシカゴで開かれたシンポジウム以来、三年に一度ずつ開催されてきた「国際数理計画法シンポジウム」の第一三回大会が、文京区春日《かすが》にある中央大学理工学部で開かれることになったのである。

このシンポジウムには、世界中から約八〇〇人の研究者が参加した。そしてこれを契機に、若い日本人研究者が世界の研究者ネットワークに組み込まれ、わが国はアメリカに次ぐナンバーツーの地位を手に入れるのである。

三年前には時の人だったカーマーカーは、このときは既に〈半分過去の人〉になっていた。傲慢とルール破りが祟って、研究者集団から孤立したカーマーカーは、世界的大研究競争から取り残されてしまったのである。

カーマーカーに替わって、このシンポジウムでスターになったのは、I・I・ディキン博士（シベリア・エネルギー研究所）である。

シンポジウムを半年後に控えた一九八八年一月、イルクーツク在住のディキン博士から、コーネル大学のマイケル・トッド教授あてに手紙が届いた。トッド教授は、この当時国際数理計画法学会が刊行する「Mathematical Programming」誌の編集長を務めていた。

〈先般、Mathematical Programming 誌に掲載されたバーンズ博士の論文の中で、興味深い研究が報告されています。この解法は、私が学生時代に（ノーベル賞を受賞した）カントロビッチ教授のもとで研究し、一九六七年に Doklady 誌において提案したのと同じものです（中略）。

バーンズ博士の論文の中では、ナレンドラ・カーマーカー博士の一九八四年の結果についても考察が行われていますが、カーマーカー博士の方法は、上で述べた私の一九六七年の解法の変形にすぎません。また私はその後の一連の論文で、この方法を用いて、エネルギー問題の最適解を求めることに成功しています。

私は、貴誌がこの手紙の内容を公開することによって、この興味深い問題に関する事実関係を明らかにしてくださるよう希望する次第です〉。

自分がカーマーカーより一七年も早くアフィン変換法を提案し、その性質を詳しく調べたうえで、この方法を使って具体的な問題を解いていたというのである。トッド教授は、この手紙に添えられた三編の論文を詳しく吟味したうえで、この年の二月に世界中の研究者（ヒラノ教授もその中に含まれていました）に対して、次のような手紙を送っている。

ソ連の数学者ディキン博士から送られてきた手紙と、三編の論文のコピーとその英訳を同封いたします。これによって、ディキン博士が一九六七年に、現在アフィン変換法と呼ばれているカーマーカー法の変形版を提案していたことが明らかになりました（中略）。

定理の証明は大変難解なものですが、私は細部を除いて、論文の内容は大略正しいことを確認しました。したがってアフィン変換法については、（その発明者として）今後ディキン博士の名前を引用すべきことを宣言いたします（後略）。

西側諸国における新発見に対して、ロシア人が〈そんなことは前から分かっていた〉とクレームをつけるのは、毎度おなじみのことである。だからトッド教授も、最初はそう考えたのではなかろうか。

後日ヒラノ教授は、この論文を詳しく読んでみたが、トッド教授が言うとおりとても難解なものだった。西側の研究者と記号の使い方が違っていたからである。数学は世界共通の言語のはずだがいつでもそうとは限らないのである。

そこでディキンのアフィン変換法が、どのようなものかについて説明することにしよう。

凸多面体の内部をたどる解法は、過去にもいくつか提案されている。この種の方法は、進む方向をうまく決めてやれば、一回の反復で目的関数の値を大きく改善することができる。ところが多面体の境界に近づき過ぎると、境界面が邪魔になって、いい方向を探すのが難しくなる。

境界面に近付き過ぎないように注意しながら、目的関数を改善するためにディキンが考案したのは、次のような方法である(コラム7参照)。

(i)　多面体の内部に一つの点を選ぶ。

(ii)　現在の点を中心として、多面体の内部にすっぽり収まる、なるべく大きな楕円体を生成する。

(iii)　生成された楕円体上で、目的関数が最も大きくなる点を求める(これは連立一次方程式を解くことによって求まる)。最適解が得られたら計算終了。そうでないときは(ii)に戻る。

変数の数が多い場合、この方法は一回の反復に大量の計算が必要になるが、変数の数が多い場合

上級者向けの コラム7 ◉ アフィン変換法

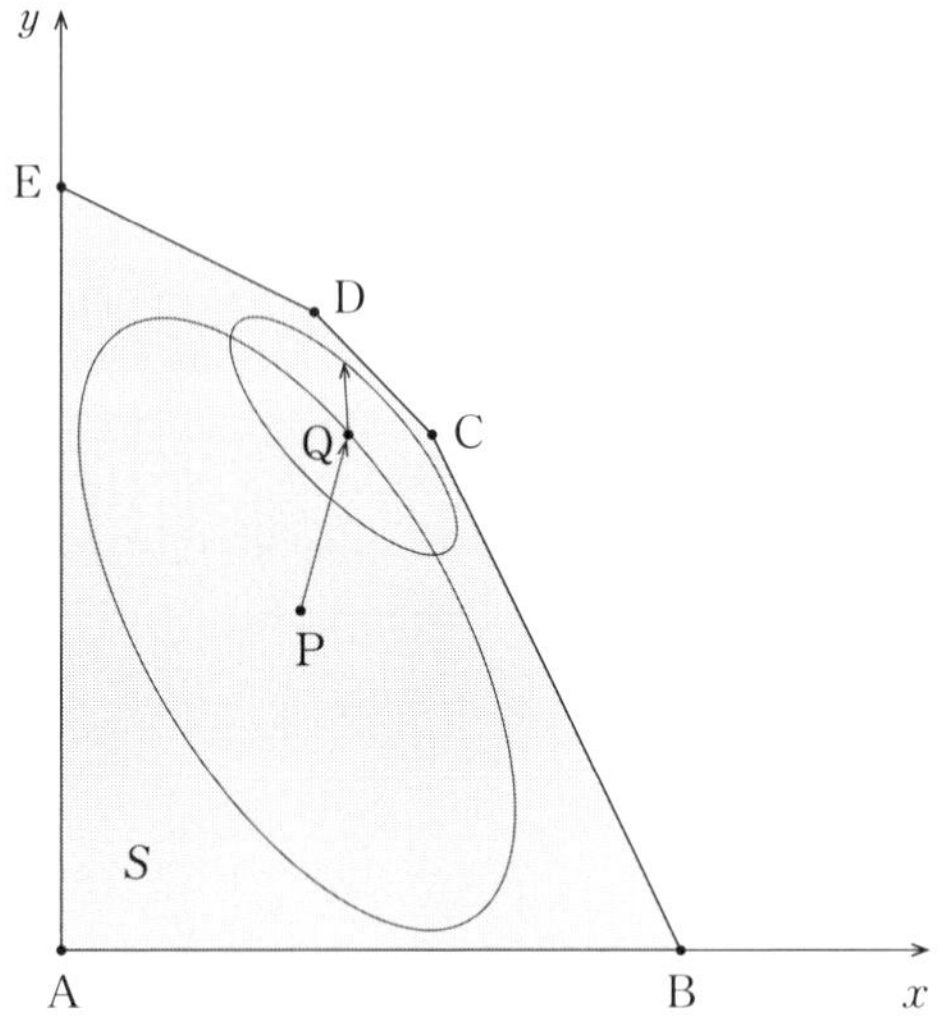

図5　アフィン変換法

実行可能領域 S の内部の点 P を適当に選び，その点を中心とし S の内部におさまるなるべく大きな楕円体を生成する．得られた楕円体上で目的関数が最も大きくなる点 Q を求める．次に Q を中心とし S の内部におさまる楕円体を生成し，この楕円体上で目的関数が最も大きくなる点を求める…….

でも二〜三〇回程度の反復で最適解が得られるので、全体の計算量は単体法より少なくて済むのが売りである。

新規性が無い数学特許

カーマーカーのアフィン変換法は、楕円体の生成法も次の点の生成法も、ディキン論文に記されたものと全く同じだった。

研究者たちは、この事実が明らかになったからには、AT&Tは特許申請を取り下げるのではないかと考えた。ところが一九八八年五月、国際数理計画法シンポジウムが開かれる三か月前に米国特許商標庁は、新規性が無いことを知りながらカーマーカー／AT&Tの特許申請を認可した。

歴史上初めて数学的解法そのものが特許になったこの事件は、再びニューヨーク・タイムズの一面に取り上げられた。日本でも、大新聞が一面で扱っている。

日本OR学会の「数理計画法研究部会」の主査を務めていたヒラノ教授は、このあとあちこちからインタビューを受けた。これに対してヒラノ教授は、「カーマーカーの申請内容は、数学的解法そのものです。（アメリカと違って）日本の特許法は、特許付与の条件として、〈自然法則に基づく技術的思想であること〉と規定しています。しかし、数学は自然法則を利用したものではありませんから、特許を受けることはできません。

またこの解法には新規性が無いという点については、専門家の間で決着済みです。その点から言っても、これが日本で特許になることはあり得ません」と答えた。

八〇年代初めから、アメリカは産業競争力強化のために、知的財産権保護の強化を国家戦略に据え、日本にも共同歩調を取るよう要請していた。日本政府（通産省と特許庁）は、いつも通りアメリカの言いなりだった。しかし、ことソフトウェアやアルゴリズム（計算方法）の保護に関しては意見が割れていた。

かつて、アメリカの圧力に屈して「プログラム権法」の制定を見送り、著作権法によるソフトウェア（プログラム）の保護を決めた直後に、アメリカが特許と著作権法による二本立て保護を打ち出したことに対する反発があったからだ。

おそらくアメリカは日本政府に対して、共同歩調を取るよう要請してくるだろう。一九八六年に日本特許庁に申請されたカーマーカー特許は、審査の最中だった。

このような状況の中、シンポジウム会場では、三つの新聞社がカーマーカーに対してインタビューを行っている。ところがこの時カーマーカーは、専門家の間では〈半過去の人〉になっていた。三年前のMITのときには、六〇〇人以上の聴衆がカーマーカーの講演を聴きに来たのに対して、この時集まったのはその一〇分の一に過ぎなかった。

一方、ディキンの発表会場には聴衆が溢れていた。この人の英語は、何を言っているのかさっぱりわからなかったが、カーマーカーとAT&Tベル研に決定的なパンチを浴びせたシベリアの英雄(怪人)を見ようと集まった聴衆は、その顔を見ただけで十分に満足したようである。

たとえ評判が悪くても、線形計画法の世界にブレークスルーをもたらしたカーマーカーに対して、何らかの表彰を行う必要があると考えた学会首脳部は、最も権威がある「ダンツィク賞」を贈ることを決定した。

ところがこれに対して、ダンツィク教授が拒否権を発動。このため窮余の一策として、アメリカ数学会と共同で選考している「ファルカーソン賞」を贈ることにした(ファルカーソン教授は、ランド・コーポレーション時代以来のダンツィク教授の盟友で、ネットワーク・フロー理論の創始者である)。

ダンツィク教授の遺言

シンポジウムが終わったあと、ヒラノ教授はダンツィク教授と食事を共にした。スタンフォードを卒業して以来、毎年一回以上教授にお目に掛かる機会を作ったが、七〇歳を過ぎてからは、いつもこれが最後になるのではないかと心配しながらの会見だった。

「カーマーカー特許について、どうお考えでしょうか」という質問に対して、教授は次のように答えた。

「数理計画法がここまで発展したのは、すべての研究者が、お互いに他人のアイディアを自由に利用することができたからだ。単体法が特許になっていたら、私は大金持ちになっていたかもしれないが、数理計画法はここまで発展しなかっただろう。

昨日のパーティーで、この問題について検討する委員会を作ることが決まった。委員長に指名されたスティーブ・ロビンソン教授（ウィスコンシン大学）から、委員になってほしいと頼まれたので、引き受けることにした。

私は、日本がアメリカのように、数学を特許にするような国にならないことを願っている」

これはダンツィク教授の遺言と言うべき重いメッセージだった。

おそらく日本特許庁は、カーマーカー特許を拒絶するだろう。しかしアメリカ政府の攻勢を考えれば、油断するわけにはいかない。こう考えたヒラノ教授は、国際数理計画法学会の日本支部を兼ねる「数理計画法研究会（ＲＡＭＰ）」の主催で、立場が異なる六人のパネリストによる、数学特許の是非を論じるシンポジウムを企画した。

ここで反対意見が大勢を占めれば、研究会としての反対意見をまとめて公表する予定だった。ところが蓋を開けると、六人のパネリストのうち一人が賛成、二人が条件付き賛成、一人が保留、そして反対は二人だけという結果が出た。予想外の展開に動揺したヒラノ教授は、研究会としての報告書作成を見送らざるを得なかった。

しかし、その六か月後に出た「ロビンソン委員会」の報告は全員一致で、「数理計画法の研究者集団は、カーマーカー特許を認めることはできない」と断言したのである。〈アメリカの良識〉が示した、一分の隙もない明快な論理とその結論に、ヒラノ教授は大きな感銘を受けた。この報告書を受け取った学会会長は、これを学会の正式見解として公表し、全世界に散らばる学会員に配布した。

ヒラノ教授は、ロビンソン報告を日本語に翻訳して、「数理計画法研究会」のメンバーに配布したうえで、原稿用紙一〇〇枚に及ぶ個人的見解を、日本ＯＲ学会の機関誌上で公表した。しかし残念なことに、これらの活動は空振りに終わった。

（連立一次方程式を知らないと発言した）東京高裁判事は言っている。「発言しない人は存在しないも同然だ」と。エンジニアや数学者は、専門分野と趣味のこと以外には関心が無い。あったとしても、意見を表明しようとは思わない。また発言しようと思っても、それを取り上げてくれるメディアはない。

この結果、数学／ソフトウェア特許は、研究者の意見とかかわりなく、法律家主導で日本社会に入り込んでくるのである。

8　内点法革命

主・双対内点法とＯＢ１

一九八五年以来の研究競争の過程で、凸多面体の内部を通る様々な方法が提案された。そして八八年になると、これらの方法を総称する名称として、「内点法」という言葉が定着した。

このような状況のなか、ＡＴ＆Ｔは「ＫＯＲＢＸ」と呼ばれる線形計画ソフトの販売を開始した。ワンセット八九〇万ドル（当時の為替レートで一一億円）という超高価ソフトであるにもかかわらず、次々に売れたという。

たとえばデルタ航空は、全米の一六六都市を回る四〇〇機の航空機と、七〇〇〇人の乗務員のスケジュールを作成する際の最適化問題をＫＯＲＢＸで解いたところ、年間一〇〇〇万ドルの経費が節減されたと報告している。

また米軍は、ＫＯＲＢＸのおかげで、七万制約式・五〇万変数に上る問題が解けるようになったため、作戦遂行能力が大幅に改善されたと報告している。

ところがその翌年、ＫＯＲＢＸは実に呆気なく、市場からの撤退を余儀なくされるのである。ソフトウェア・ハウス「ＸＭＰ社」が、五万ドルで売り出したソフトウェア「ＯＢ１」に敗退してしまったからである。

「ＸＭＰ社」は、三人の大学教授プラス秘書一人というベンチャー企業で、その中心人物であるデビッド・シャノ教授は、三〇〇年の歴史を持つニュートン法の改良版「ＢＦＧＳ公式」を考案した人である。

二人目のロイ・マーステン教授(アリゾナ大学)は、七〇年代初めに書いた整数計画法に関する論文でスターになった人、そして三人目は、ダンツィク教授の最後の弟子と言われる、アーヴィング・ルスティク助教授(プリンストン大学)である。

数学理論だけでなく、プログラミングにも強いこの三人は、カーマーカー法が発表されて間もないころから、それぞれ独立に、アフィン変換法を用いたソフトウェアの作成に取り組んでいた。

カーマーカー特許が成立した直後に、マーステンが内点法ソフトの販売を開始した時、専門家の間では、ベル研究所がどのように対応するか話題になったが、結局何のアクションも取らなかった。

東工大のヒラノ研究室を訪れたベル研のスタッフが、「(多面体の内部を通る)内点法を用いたソフトウェアで利益を上げた場合は、使用した方法がどのようなものであっても、また相手が誰であっても訴えます」と言っていたことを考えると、解せない対応だった。

一方のシャノ教授も、八八年にアフィン変換法を用いたソフト「OB1」のテスト・バージョンを、世界中の大学関係者に無料で提供している。ヒラノ・グループも、このソフトを使ってみたが、学生の評判は良好だった。

OB1は、カーマーカー＝ディキンのアフィン変換法を用いたソフトである。しかしシャノ教授は、この方法を使っている限り、KORBXを大きく上回る計算効率を実現することは難しいと考えていた。

光の杖

ここに出現したのが、小島政和教授(東工大)グループが考案した「主・双対内点法」である。これは双対定理から導かれる最適条件(四六ページ参照)を、古くからよく知られているニュートン法を使って解く方法である。

ニュートン法というのは、万有引力で有名なアイザック・ニュートンが一六八七年に考案したもので、二一世紀の今なお、非線形関数の最小化問題や非線形方程式の解法として最も有力なものである。

ニュートン法の研究者であるシャノ教授は、小島教授の講演を聞いた瞬間、これこそが悪の帝国を打ち破る、〈光の杖〉だと直感したという（なおＯＢ１は『スターウォーズ』に登場する英雄・オビワンケノビにあやかったものである）。そこで、ライバルであるマーステン、ルスティク両教授に呼び掛けて、ソフトウェア開発に取りかかった。

シャノ教授の予想は当たった。九〇年に五万ドルで発売されたＯＢ１は、八九〇万ドルのＫＯＲＢＸを上回る性能を持っていた。この結果ＫＯＲＢＸは、その数か月後に市場から撤退せざるを得なくなったのである。

ＯＢ１発売直後に、三教授はアメリカＯＲ学会が発行している『Interfaces』という雑誌に、〈内点法、ニュートン＝ラグランジュ＝フィアッコ＝マコーミック法と呼びましょう〉というタイトルの論文を発表し、ＯＢ１は二〇〇年前に発表されたニュートン法（一六八七年）、二〇〇年前のラグランジュ（の未定）乗数法（一七八八年）および、二〇年前のフィアッコ＝マコーミックの障壁関数法（一九六八年）を下敷きにして作られたものであって、カーマーカー法とは全く独立であることを強調している。

非線形関数の最小化を行うために提案された障壁関数法は、線形計画問題に対しても適用可能なものである。ところが、このような方法が単体法を上回る性能を持ち得るとは（提案者を含めて）誰も考えなかった。ラグランジュの未定乗数法については、コラム９で紹介するので、ここでは第１章のアメリン、ブテリン問題を例に取って、障壁関数法について説明しよう。

この方法は、制約領域の内部では正の値を取り、境界に近づくと急激に大きくなる「障壁関数」$g(x,y)$ を $\alpha(>0)$ 倍したものを目的関数 $2x+3y$ から差引いた新たな目的関数

$$f_\alpha(x,y)=2x+3y-\alpha g(x,y)$$

を考え、この関数を制約領域の中で最大化する点 $x(\alpha),y(\alpha)$ を(適当な方法で)計算する。

α が大きな値を取るときは、$x(\alpha),y(\alpha)$ は、境界から遠いところにある(境界に近づくと障壁関数の影響で目的関数 $f_\alpha(x,y)$ は大きな負の値を取る!)

フィアッコ＝マコーミックは、α を次第にゼロに近づけて行くと、$x(\alpha),y(\alpha)$ が元の問題の最適解に近づくことを証明した。$g(x,y)$ の選び方にはいろいろなものが考えられるが、その候補としてはコラム8で示したようなものが考えられる。

アフィン変換法が提案されたあと間もなく、〈障壁関数法にある種の工夫を施すと、アフィン変換法と本質的に同じ振る舞いをする解法が導かれること〉が明らかになった。この結果、障壁関数法に再度光が当たることになったのである。

この事実を知ったある高名な研究者は、「あの時、障壁関数法についてもう少し本気で研究すればよかった」という悔恨の言葉を発した。この方法を線形計画問題に適用したら、どのような結果が得られるかと考えたが、深く研究する時間がなかったというのである。この高名な研究者とは、

上級者向けの コラム8 ◉ 障壁関数

$$
\begin{array}{|ll}
\text{最大化} & 3x+5y \\
\text{条件} & x+2y \leqq 6 \\
 & 2x+y \leqq 5 \\
 & 2x+2y \leqq 7 \\
 & x \geqq 0, \quad y \geqq 0
\end{array}
$$

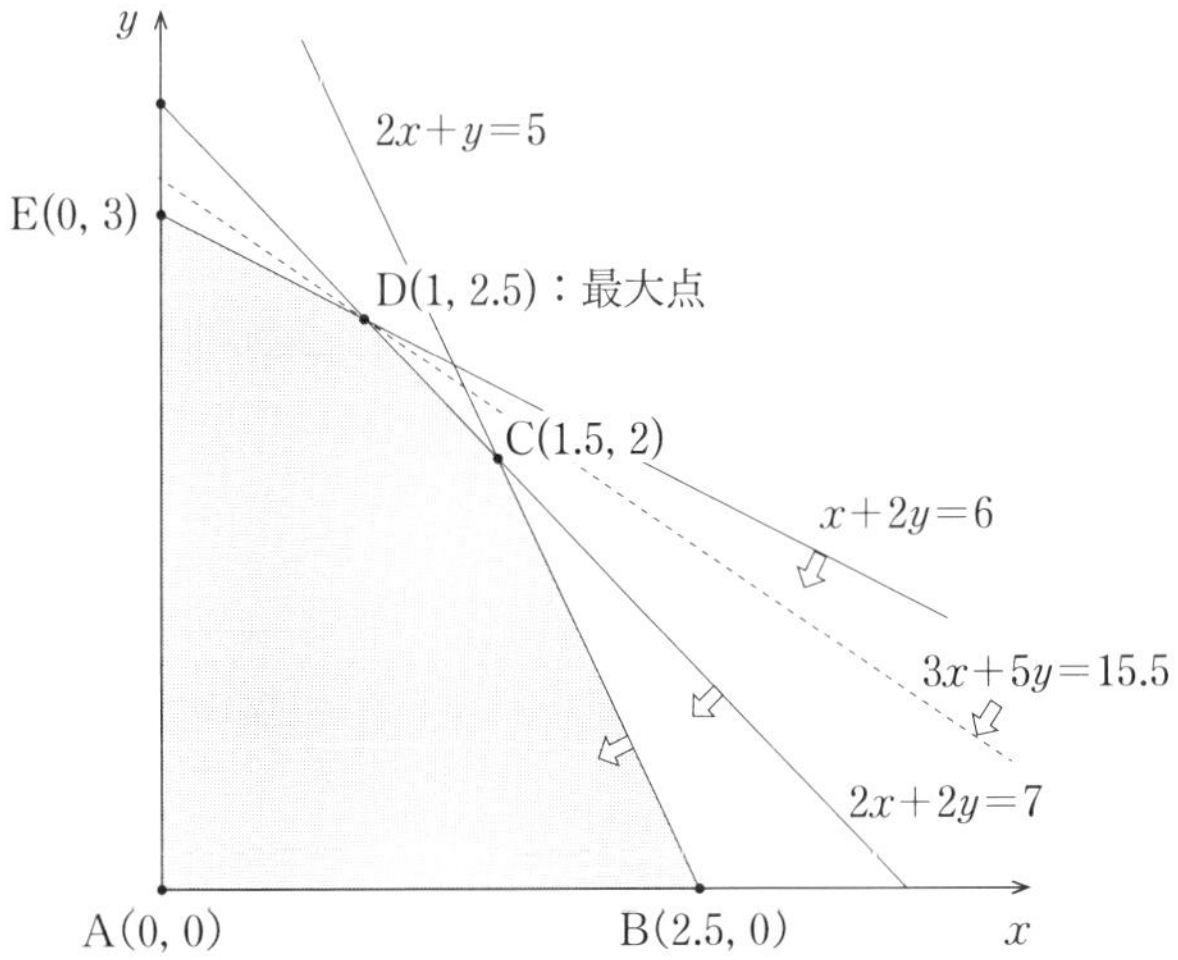

図 6（図 1 再掲）

障壁関数 $g(x, y)$ の例としては，以下のものが考えられる．

$$
g(x, y)=\frac{1}{6-x-2y}+\frac{1}{5-2x-y}+\frac{1}{7-2x-2y}+\frac{1}{x}+\frac{1}{y}
$$

この関数は，上で示した「アメリン，ブテリン問題」の条件式からわかるように，実行可能領域の内部では正の値を取る．また境界に近づくと急激に大きくなる．

ヒラノ教授の師・森口繁一教授その人である(こう考えた人はほかにも大勢いただろう)。

話を本筋に戻そう。AT&Tから特許侵害に関する警告を受けたXMP社は、売り上げの五%に相当する特許使用料を支払うことに同意している。OB1発売の一週間後に、ラトガーズ大学を訪れたヒラノ教授に対してシャノ教授は、「資金も人手もない零細企業としては、勝てる保証が無い訴訟に巻き込まれて、一時間三〇〇ドルの弁護士費用を払った上に、販売差し止め処分を受けるより、売り上げの五%で済めば安いものだと判断した」と語っているが、これは中小ソフトウェア・ハウスが、大企業から特許侵害で訴えられた場合、たとえ根拠が無い要求であっても飲まざるを得ない、ということを示す典型的なケースである。

主・双対内点法は、OB1の成功によって、大型線形計画問題を解く方法として不動の地位を確立した。そしてこの方法を考案した小島教授グループは、一九九三年にアメリカOR学会の「ランチェスター賞」を受賞した。学会発足以来の伝統を持つこの大きな賞を受賞した日本人は、後にも先にもこの人たちだけである。

主・双対内点法は、線形計画問題に対する双対定理から導かれた(非線形)方程式・不等式系(四六ページのS)を、ニュートン法を用いて解く方法である。つまりこの方法は、線形(平ら)な世界の問題を、非線形な(曲がった)世界に引きずり込んで解く方法である。このような方法がうまくいくと見抜いたのは、小島教授がもともと曲がりくねった世界の問題に取り組んできたからである。

線形計画法の新時代

ＯＢ１の登場によって、四〇年にわたって継続した〈一〇年で一〇倍の法則（一〇年ごとに一〇倍大きな問題が解けるという法則）〉は、上方に修正された。

では、これ以上大きな問題を解く必要はあるのか。答えはイエスである。超ＬＳＩ素子の配線を行う際に出現する大型の巡回セールスマン問題や、航空会社の乗務員配置問題、製造業における超大型の生産スケジューリング問題などがその代表例である。

線形計画法の研究者は、カーマーカー法が出現するまでは、単体法を上回る性能を持つ解法が存在しうるとは考えなかった。

しかし、ヒラノ青年は博士号を取って間もないころ、ある研究会で、（線形計画問題より難しい）非線形計画問題を解く際に、次々に提案される複雑怪奇な山登り法より、双対定理から導かれる非線形方程式（カルーシュ＝キューン＝タッカー条件（コラム９））を、ニュートン法で解くほうが速いのではないかと考えていた。

しかしこの意見に対して、非線形計画法の専門家は、言下にその可能性を否定した。不等式を含む方程式系を解くニュートン法は（現在のところ）存在しないし、そのようなものがうまくいくはずがないというのである。

上級者向けの コラム9 ◉ ラグランジュの未定乗数法とカルーシュ=キューン=タッカー条件

非線形関数の最小化問題に対する代表的な解法として，条件が等式で与えられる場合は，ラグランジュの未定乗数法，また条件が不等式で与えられる場合は，カルーシュ=キューン=タッカー条件と呼ばれる非線形等式・不等式系をニュートン法で解く方法が知られている．

等式条件下での最小化	不等式条件下での最小化
最小化　$f(x_1, x_2)$ 条件　$g_1(x_1, x_2)=0$ 　　　$g_2(x_1, x_2)=0$ ［ラグランジュの未定乗数法］ $L(x_1, x_2, \lambda)=f(x_1, x_2)+\lambda_1 g_1(x_1, x_2)+\lambda_2 g_2(x_1, x_2)$ とおいて $\frac{\partial}{\partial x_1}L(x_1, x_2, \lambda_1, \lambda_2)=0$ $\frac{\partial}{\partial x_2}L(x_1, x_2, \lambda_1, \lambda_2)=0$ $g_1(x_1, x_2)=0$ $g_2(x_1, x_2)=0$ を満たす $x_1^*, x_2^*, \lambda_1^*, \lambda_2^*$ を求める．	最小化　$f(x_1, x_2)$ 条件　$g_1(x_1, x_2)\leqq 0$ 　　　$g_2(x_1, x_2)\leqq 0$ $L(x_1, x_2, \lambda)=f(x_1, x_2)+\lambda_1 g_1(x, y)+\lambda_2 g_2(x, y)$ とおいて ［カルーシュ=キューン=タッカー条件］ $\frac{\partial}{\partial x_1}L(x_1, x_2, \lambda_1, \lambda_2)=0$ $\frac{\partial}{\partial x_2}L(x_1, x_2, \lambda_1, \lambda_2)=0$ $g_1(x_1, x_2)\leqq 0$ $g_2(x_1, x_2)\leqq 0$ $\lambda_1 g_1(x_1, x_2)=0$ $\lambda_2 g_2(x_1, x_2)=0$ $\lambda_1\geqq 0,\ \lambda_2\geqq 0$ を満たす $x_1^*, x_2^*, \lambda_1^*, \lambda_2^*$ を求める．

ここで導入した λ_1, λ_2 のことをラグランジュ乗数という．

内点法の出現によって、その主張は覆された。そして今では、カルーシュ＝キューン＝タッカー条件をニュートン法で解くアプローチが、非線形計画問題の実用的解法として評価されるようになったのである。

あの時否定されなかったとしても、十分な数学力がなかったヒラノ青年が、「内点・ニュートン法」を考案することができたとは思わない。このようなことを経験したヒラノ教授は、カーマーカー法から主・双対内点法を導いた小島教授の才能と幸運に、尊敬と羨望の念を抱くのである。

ダンツィクの単体法は、小島グループの主・双対内点法に敗れた。しかし、より高速な解法の出現を望んでいたダンツィク教授は、落胆するどころかむしろ喜んでいたはずだ。なぜならこの人にとっては、大きな問題を解くことが重要であって、それが単体法でなくても一向に構わなかったのである。

大型の線形計画問題を解く方法として、四〇年以上王座を守り続けた単体法は、内点法に王座を譲り渡した(かにみえた)。しかしこれから先も、単体法は生き続けるだろう。なぜなら、

(i)　実用上の線形計画問題の大半は、変数が数万以下のものであり、これらの問題に対しては、単体法も十分内点法に対抗できる。

(ii)　線形計画法を実務に応用するにあたっては、与えられた問題を解いたあと、制約条件を追

加・削除した問題を解いたり、データを少々変更した問題を解く「感度分析」を行う必要があるが、このような作業には単体法が適している。

からである。

(ii)について少々補足しておこう。内点法は単体法より速く最適解に到達できる。しかし、制約条件を追加した問題を解くときには、はじめから計算をやり直さなくてはならない。これに対して単体法の場合は、元の問題の最適解の情報を用いて、簡単に変更後の問題の最適解を生成できるのである。

制約条件やデータを変更した時に、答えがどのように変化するかをチェックする「感度分析」は、現場のスタッフが戦略を練る上で、極めて重要な意味を持っている。したがって、石油精製会社や製鉄会社などの生産計画現場では、内点法ソフトより単体法ソフトの方が歓迎されるのである。

では、単体法と内点法の〈いいとこ取り〉をしたソフトを作ればどうなるか。誰でも考えつくことであるが、そのようなソフトウェアが発売されるのは、数年後のことである。

9　カーマーカー特許裁判

数学特許

アメリカでカーマーカー／AT&Tのアフィン変換法特許が認可されたあと、特許文書を取り寄せたヒラノ教授は、二ページに及ぶ数式の羅列を見て絶句した。

特許を取得するためには、そこに記載された内容をもとにして、専門的スキルを持つプログラマーが、同じようなソフトウェアを作ることができる程度に技術を開示することが条件になっている。

ところがカーマーカー特許には、数式が記されているだけで、それをどのようにプログラム化するかについての記述が全くないのである。またそこに記された最も重要な数式は、トッド教授が認定したように、一九六七年のディキン論文に記されたのと同じものだった。

世界のどの国でも、数学は特許対象から外されてきた。このため〈新規性が無い数学公式〉が特許になったこの事件は、二重の意味で人々を驚かせた。

日本特許庁は九一年二月に、ヒラノ教授の予想通り〈この申請は単なる計算方法を対象とするものであって、自然法則を利用した発明には該当しない〉という理由で拒絶査定を下した。

これに対してAT&Tベル研究所は、〈単なる数学ではなく、技術的思想であること、またアメリカでは特許になっていること〉を理由に、特許庁に対して不服を申し立てた。しかしこのときヒラノ教授は、日本の特許法が改正されない限り、この判定が覆ることはあり得ないと楽観していた。

一方、アメリカでも、特許商標庁のソフトウェア特許／数学特許戦略は、研究者の厳しい批判を浴びた。しかし米国特許商標庁は、レーガン政権の強い後押しを受けて、過激な特許戦略を推し進めた。

このような状況の中、日本特許庁は九三年九月に当初の判定を覆して、カーマーカー特許を逆転〈公告〉した。再審査を行った結果、特許付与の条件を満たしていると判定したのである。数理計画法の専門家にとって、これは予想外の事態だった。

数学特許の成立を座視したら、ダンツィク教授に申し訳が立たないと考えたヒラノ教授は、特許庁に対して異議申し立てを行った。異議の要点は、次の三点である。

(i) この発明には特許性が無い(特許法は、数学には特許を与えないと明記している)。
(ii) この特許には新規性が無い(ディキン論文という先行結果がある)。
(iii) この特許は、技術の開示が十分でない(プログラム作成の方法が全く記載されていない)。

異議申し立てを行ったあと、ヒラノ教授は研究者集団の主張を認めてもらうべく様々な活動を行った。カーマーカー特許を批判する一〇編に及ぶ文章を発表したこと。『カーマーカー特許とソフトウェア』(中公新書、一九九五)を発表したこと。日本OR学会と東工大の共催で、日米の技術者と法律関係者三〇人を招いて、「ソフトウェアとアルゴリズムの権利保護」と題するシンポジウムを開催し、そこでの議論をまとめた『ソフトウェア／アルゴリズムの権利保護』(朝倉書店、一九九六)という本を出版したこと、などなど。

これらの努力にもかかわらず、日本のソフトウェア関係者や法曹界からヒラノ教授を支持する声は上がらなかった(後に明らかになったことだが、この当時産業界も法律家もソフトウェア特許制度に反対だったが、対米協調路線を取る通産省の意向に反するようなことは言えなかったそうである)。

九六年一二月に異議申し立てを却下されたあとヒラノ教授は、特許庁に対して無効審判請求を行ったが、これまた九八年二月に棄却されてしまった。

このプロセスで分かったことは、通産省・特許庁首脳部は、国を挙げて攻勢を仕掛けてくるアメリカに対抗してまで、カーマーカー特許のような〈些細なこと〉で、正論を通す気は無いということである。

賢明な人であれば、これ以上抵抗しても無駄だと判断しただろう。しかしダンツィク教授の遺言に従うべく、ヒラノ教授は東京高等裁判所に対して「無効審決取り消し訴訟」を起こした。

九九年四月に始まった審理は、二〇〇二年三月まで続いた。その詳細は、『特許ビジネスはどこへ行くのか』(岩波書店、二〇〇二)に書いたが、以下ではその要点を記すことにしよう。

争点のポイントは、カーマーカー特許の〈特許性〉と〈新規性〉である。

特許性というのは、申請内容が特許法に規定されている特許の条件を満たしているかどうか、という問題である。

この点についてヒラノ教授は、〈これは自然法則を利用した技術的思想ではなく、当初の拒絶査定が述べているとおり、数学的解法だから特許の対象にならない〉と主張した。

一方、ルーセント・テクノロジー社――しばらく前に、ベル研究所はルーセント社に売却されていた――の代理人は、これは単なる数学ではなく、数学を使ったソフトウェアと装置であると主張した。

両者の主張は平行線だから、裁判官の判断に任すしかない。そこでヒラノ教授は、新規性に焦点を絞ることにした。

ヒラノ教授の主張は、〈カーマーカーのアフィン変換法は、ディキン法と本質的に同じものだから、新規性を欠いている〉という、研究者集団のコンセンサスに基づくものである。これに対してルーセントの代理人は、カーマーカー法とディキン法は全く別物であると主張した。

裁判の争点は、ディキン論文に記された数学公式と、カーマーカー特許文書に記された公式が同一かどうかという点に絞られた。数理計画法の専門家から見れば、表記法が違うだけで両者は全く同じものである。

ところが裁判長は、〈高等学校時代以来、一度も数学を勉強したことが無い〉人物である。またルーセントの代理人である弁理士も、全く数学が分からない。分かるのは、特許庁から出向している裁判長補佐員一人だけである。

ルーセントは、カーマーカー本人を証人として出廷させ、ヒラノ教授に反論すると宣言したが、六か月待っても実現しなかった（実はこのころカーマーカーは、ベル研究所を辞めて、インドに戻っていた）。

かくしてヒラノ教授は、二時間ずつ四回にわたって、単体法と内点法に関する講義を行う羽目になった。本来であれば、ルーセント側がカーマーカー法とディキン法の違いを立証すべきところを、ルーセントの代理人に替わって、原告が〈連立一次方程式を勉強したことがない〉裁判長に対して、二つの方法が同一であるという説明を請け負わされたのである。

ヒラノ教授の説明を理解できるのは、特許庁から出向している補佐員だけである。ところがこの人を納得させたところでルーセントは、特許維持費の支払いを停止することによって、二〇〇五年まで生き続けるはずだった特許を放棄してしまった。

ルーセントが、それ自体は利益を生まない特許を維持してきたのは、内点法ソフトを開発する人から特許使用料を手に入れるためだが、その見込みはなくなったと判断したのである。

裁判長は二〇〇二年三月、（カーマーカー特許が存在しなくなったため）「訴えの利益」は失われたという理由で、ヒラノ教授の訴えを棄却し、裁判費用はヒラノ教授側が負担させられることになった。

結局、三年近くにわたって審議が行われたにもかかわらず、特許性についても新規性についても、裁判所の判断は下されなかった。ヒラノ教授は、カーマーカー特許を葬ることには成功したものの、それは一〇年前に死んでいた悪魔の棺桶に蓋をしただけにすぎない。

カーマーカー裁判は、弁理士たちの間で大きな注目を集めたが、数理計画法の研究者はあまり関心を示さなかった。彼らにとって、カーマーカー特許は全く過去のものだったからである。

ソフトウェア特許は続々成立していたが、数学者や数理計画法の研究者は、特許制度と関わりなく自由に研究を続けていた。数理科学研究者の大半は、自分が証明した定理を特許で保護してもらいたいとは考えないのである。

それでは、数学を特許にしたカーマーカーとAT&Tは、カーマーカー特許からどれだけの利益を手に入れたのだろうか。もしKORBXが計画どおり一〇〇〇セット売れていれば、総売り上げは一兆円に達していただろう。しかし、価格設定に無理があったため、KORBXは実際には三セット、いや、ットしか売れなかった。

線形計画ソフトは無数に発売されていたが、それらのほとんどは、OB1同様五万ドル以下で手に入る。しかも、特別に大規模な問題でなければ、十分速く解ける（超大型問題を解くニーズが発生したのは、二一世紀に入ってからである）。

かくしてカーマーカー特許は、カーマーカーとAT&Tベル研に悪名をもたらしただけで終わったのである。

ではベル研はなぜこのような〈博打〉を打ったのか。それは、一九八四年に実施されたAT&Tの分割によって、かつてのように潤沢な研究資金が得られなくなったため、自ら収益を上げなくてはならない組織に生まれ変わったからである。

ジョン・ガートナーの『世界の技術を支配するベル研究所の興亡』（文藝春秋、二〇一三）には、分割後のベル研の悲惨な状況が活写されているが、一言で言えば、〈貧したために鈍した〉ということだろう。

カーマーカーの悲劇

ヒラノ教授は、三回にわたってカーマーカーと言葉を交わしている。

一回目は、小島教授の招待で東工大を訪問した時である。一九八五年にMITで開催された、国際数理計画法シンポジウムの際の傍若無人な態度からは、全く想像もできないような穏やかな人物だった。二度目は、その三年後の東京シンポジウムの時である。カーマーカーは、依然として傲慢だったが、〈案外まとも〉だった。

ところが、OB1が発売された一週間後にベル研を訪れたヒラノ教授は、同僚に対する尊大な態度に、インドの大魔王を思い出した。この時カーマーカーは、〈資産運用における線形計画法の応用〉に関する共同研究を提案したが、丁重にお断りした。

四回目に会ったのはその一週間後、アメリカOR学会の研究集会である。この時カーマーカーは、アフィン変換法の整数計画法への応用に関する発表を行った。しかし、五〇人を収容する会場に集まったのは二〇人程度だった。一九八八年に〈半過去の人〉だったカーマーカーは、ここでは〈全過去の人〉になっていた。

線形計画法にブレークスルーをもたらしたカーマーカーは、ノーベル賞級の研究者だけに与えられる、「ベル研究所フェロー」の地位を手に入れた。しかし九〇年代半ばに、そのポストを捨ててインドに戻り、ムンバイにあるタタ研究所で、データ・マイニングの研究をしていた。しかし現在はそこも辞めて、別の組織でスーパーコンピュータの研究をしているということである。

二八歳の若さでスターになり、順調に行っていれば、今も数理計画法のリーダーとして活躍していたはずのカーマーカーは、間もなく満六〇歳を迎える。稀に見る天才が〈偉大な一発屋〉で終わるのは、まことに惜しむべきことである。

カーマーカーの挫折の原因は、AT&Tベル研の誤算、本人の傲慢さ、そして数理科学の世界に君臨するユダヤ勢力を敵に回したことである。ノーベル物理学賞、経済学賞と同様、フォン・ノイマン賞受賞者の四〇%はユダヤ人である。もしカーマーカーがこの構造を知っていたら、アロー、ダンツィク、ゴモリーという大御所たちに暴言を吐いて、村八分にされることはなかっただろう。

10　五〇年目の線形計画法

ノーベル経済学賞

カーマーカーのブレークスルーによって、線形計画法における〈一〇年で一〇倍の法則〉は上方修正され、一〇〇〇万変数単位の超大型問題が解けるようになった。

カーマーカー登場以後、ヒラノ教授は毎年一〇月になると、ノーベル経済学賞の発表を心待ちにした。残念ながら、いつまで待っても秘かに抱いている希望は満たされなかった。同じテーマが再び受賞の対象になった前例が無かったためか、それともカーマーカーの悪名が祟ったためだろうか。

一九九四年の秋、ヒラノ教授はスウェーデン銀行から、ノーベル経済学賞の推薦人を委嘱された。ノーベル経済学賞がノーベル財団ではなく、スウェーデン銀行の資金で運営されていることを知ったのは、この時である。

一九九一年に創刊された、『Mathematical Finance』誌の編集委員を務めていた関係で、推薦人を依頼されたのである。折角の機会なのでヒラノ教授は、ファイナンス分野でも重要な役割を果たしてきた線形計画法の創始者を推薦した。

九〇年にノーベル経済学賞を受賞した、ハリー・マーコビッツ教授の「平均・分散モデル」は、二次計画法を用いたものである。線形計画法が存在しなければ、二次計画法は生まれなかった。しかもマーコビッツ博士は、ランド・コーポレーション時代に、ダンツィク博士のもとで働いていた人物である。

このような事情があったせいか、ダンツィク教授はマーコビッツ教授の受賞を素直に喜べなかったようである。授賞式の直後に、東工大で受賞講演を行ったマーコビッツ教授は、ダンツィク教授の〈棘がある〉お祝いの言葉に傷ついたと漏らしていた。

この後しばらくしてヒラノ教授は、サンフランシスコの中華料理店でダンツィク教授と会食する機会があった。このとき教授は、財布の中から〈あなたは間もなく大きな賞を受賞するでしょう〉と書かれたおみくじを取り出して呟いた。「私はこれを待っている」と。この言葉を聞いたヒラノ教授は、改めて老教授の無念を知ったのである。

ノーベル賞は、人類社会における最高の賞である。この賞を貰い損なって涙を呑んだ人は数知れない。しかしそのほとんどは、三人の枠に入れなかった四番目、五番目以下の研究者である。

一方、ダンツィク教授が線形計画法の第一人者であることは、アロー、サミュエルソン両教授をはじめ、誰もが認める事実である。ダンツィク教授には、クープマンス、カントロビッチ以上に受賞の資格があった。マーコビッツと比べれば、桁違いの業績があった。

ヒラノ提案は(当然のことながら)無視され、九七年度のノーベル賞は、デリバティブ理論と金儲け実務のチャンピオンを兼ねる、ロバート・マートン教授(MIT)とマイロン・ショールズ博士(ソロモン・ブラザース社)の二人に贈られた。

無駄であることを承知の上で、ヒラノ教授はその翌年もそのまた翌年も、ダンツィク教授を推薦し続けた(しつこいヒラノ教授は、四年目には推薦人から外されてしまった)。

またダンツィク教授の弟子たちは、二度にわたって教授を「京都賞・数理科学部門」に推薦したが、受賞は実現しなかった。

ビクスビーの快挙

線形計画法が誕生してから五〇年目の一九九七年八月に、ローザンヌで開かれた「第一六回国際数理計画法シンポジウム」には、間もなく八三歳を迎えるダンツィク教授をはじめ、その同僚と弟子たち、そしてそのまた弟子たちのほとんどすべてが顔をそろえた。

ここに集まった一七〇〇人の研究者にとって、ダンツィク外しの悪夢はもはや過去のものだった。数理計画法は経済学とは別の世界で、一大王国を築くことに成功したからである。この時ある有力な研究者は言っていた。「世界中の人が、ダンツィク教授が第一人者であることを認めているのだから、ノーベル賞は取ったことにすればいいだけの話だ」と。

この集会の目玉は、線形計画法の誕生五〇周年を祝う大セレモニーと、ロバート・ビクスビー教授（ライス大学）の特別講演である。

一九四五年生まれのビクスビー教授は、四〇代半ばまでは、ネットワーク・フロー理論の地味な研究者だった。ところが、八〇年代半ばに理論研究から足を洗い、単体法を用いた線形計画ソフトの作成に転じた。折からパソコンの普及によって、様々なアイディアを手軽に実験できるようになっていた。

ヒラノ教授が仲間とともに整数計画法を勉強していた一九七〇年代、問題を解く上で役に立つ（と思われる）アイディアが浮かんでも、それをプログラム化して、計算機実験を行うのは容易なことではなかった。このため日本人研究者は、いつでも自由に計算機を使うことができる、ＩＢＭやアメリカの有力大学に勤める研究者には、太刀打ちできなかったのである。

ビクスビーは、新時代のプログラミング技術を使って、過去に提案されたが埋もれていた、単体法の改良に関する様々なアイディアを虱潰しに調べ上げた。

この本の冒頭で紹介した通り、単体法は予想以上に速かった。しかし、たくさんある隣接頂点の中のどれを選べば最も速く頂上にたどり着けるか、またどのような方法で次の頂点を計算するのがベストかは、よく分かっていなかったのである。

ビクスビーの努力は実り、一九八八年に発売されたＣＰＬＥＸ１・０から始まって、矢継ぎ早にリリースされるこのソフトは、九〇年代に入ると、単体法ソフトの王座を獲得した。ところがその三年後の九一年、主・双対内点法を用いたＯＢ１に王座を奪われてしまった。

大型線形計画問題を速く解く競争に負けても、ＣＰＬＥＸはこれから先も生き続けるはずだが、ビクスビーにとってこれは我慢できないことだった。

ＯＢ１とＣＰＬＥＸの死闘は、何年も続いた。十数年前に輸送問題を巡って、ネットワーク・アプローチを用いた解法と単体法の間で、熾烈な戦いが繰り返されたことがある。結局どちらが勝ったのか分からずじまいだったが、今回の戦いはそれを上回るデッドヒートだった。内点法と歩調を合わせて、単体法も速くなったのである。

「次に生成する頂点の選び方に工夫を施したところ、計算量が平均で二〇％ほど減少しました。隣に移る際の計算に工夫を施すと、一五％計算量が減少しました……。すべて合わせた結果、全体で四倍速くなりました」というビクスビー教授の講演を聞いて、ヒラノ教授は唸った。〈このような面倒な実験をやるには、稀に見る気力と体力が必要だ（日本人にはとても無理だ）〉。

ところがこの後しばらくしてＸＭＰ社は、ビクスビーが経営するＣＰＬＥＸ社にＯＢ１を売り渡して、解散してしまった。この時シャノ教授らは、巨大なキャッシュを手に入れたということだが、これは企業買収の本場アメリカならではのことである。

単体法と内点法を組み合わせた新生CPLEXは、再び王座を取り戻した。その後も次々と改良を続けたCPLEXは、大型の線形計画問題や整数計画問題を解く上で、欠かせない道具になった。

二〇〇二年、アメリカOR学会の機関誌に発表した、〈現実の線形計画問題の解法——この一〇年の進歩〉というタイトルの論文の中で、ビクスビー教授はCPLEX改良の軌跡を振り返ったあと、次のように書いている。

〈過去一五年の間に、計算機の処理能力が一〇〇〇倍になり、計算手法の改良によって、約二〇〇〇倍のスピードアップが実現された。この結果、線形計画問題は二〇〇万倍速く解けるようになった。一〇年前には一年を必要とした計算が、今では三〇秒以下で終わるようになった（中略）。このような進歩が、具体的に何を意味するのか、まだよくわからない。しかしそれは現実なのである。

いまやわれわれは、たった数年前の最新技術を無力化するような最適化エンジンを手に入れた。この結果、かつては絶対に解けないと思われていた問題が解けるようになり、新しい応用分野は限りなく広がった（後略）〉。

ここで大事なことは、計算機が速くなった以上に、計算法の進歩が速かったということである。かねて計算機科学者の間では、計算機の性能は一年半で二倍になるという、「ムーアの法則」なるものが信じられていた。一五年で一〇〇〇倍速くなったということは、この法則が正しかったことを示している。

カーマーカー法が登場した時、AT&Tベル研究所は、〈従来の方法より一〇〇倍速い解法が誕生した〉と宣伝した。専門家たちは半信半疑だったが、その後一五年の間に、〈一〇〇倍ではなく二〇〇〇倍速い〉解法が生まれたのである。

誰の予想をも上回る改善が可能になったのは、単体法と内点法のいいとこ取りをしたうえで、一時は理論倒れの代名詞になった、ゴモリーの切除平面法などの古典的手法が、ビクスビーたちの手で、奇跡的な復活を果たしたおかげである。

数理計画法の分野には、世界中で数千人の研究者がいるが、理論研究の成果をもとにしてソフトウェアを開発する仕事は、長い間実務家の仕事だと考えられていた。

したがって、ビクスビーがCPLEX開発に取り掛かった時、友人たちはこの人が研究者を廃業したと思ったのではなかろうか。しかしCPLEXやOB1の成功は、研究者の認識を一変させた。いまやソフトウェア作成は、研究者の重要な業績として評価されるようになったのである。

このような目覚ましい技術進歩が実現したのは、すべての研究者が、他の研究者が得た知見を自由に利用することができたからである。もしダンツィクの単体法が特許になっていたら、もし小島グループの主・双対内点法が特許になっていたら、線形計画問題がここまで速く解けるようにはならなかっただろう。

カーマーカーとAT&Tは、アフィン変換法を特許申請し、独占権を獲得した。カーマーカー特許が成立した時、ヒラノ教授はこの特許が、数理計画法の発展の障害になるのではないかと危惧したが、それは杞憂だった。

特許制度の外で仕事を続けた研究者たちによって、カーマーカー特許は蹴散らされてしまったのである。振り返れば、一九九一年に国際数理計画法学会が発表した「ロビンソン報告」は、カーマーカー特許を葬ることはできなかったものの、数理計画法研究者の特許取得を思いとどまらせる上で、絶大な効果があったのである。

線形計画問題や整数計画問題が、二〇〇〇万倍速く解けるようになったため、超大型の最適化問題が日常的に解かれる時代がやってきた。ビクスビーは、ある大手企業のサプライ・チェーン最適化問題を、一九〇〇万変数、一〇〇〇万制約式の整数線形計画問題として定式化してCPLEXで解いたところ、在庫コストが一〇%削減されたと報告している。

なおこの問題は、普通のワークステーション上で九〇分で解けたということだが、これはまことに驚異的というほかない(ビクスビー論文から一〇年余りを経た今では、この一〇分の一の時間で解けるだろう）。

また、大手食肉会社の牛肉解体作業の最適化問題を、三〇万変数、二五万制約の整数線形計画問題として定式化して、ＣＰＬＥＸで解いたところ、在庫コストは八〇％（！）も減少したということだ。

アメリカだけでなく日本でも、国際的に事業を展開している自動車メーカーや電機産業も、数理計画法を使って事業の最適化を図っている。そうしなければ、国際競争に勝てない時代になったからである。

『ネットワーク』という映画で、「世界を動かしているのは線形計画法だ」というセリフを耳にした時、〈少々誇張が含まれている〉と思った三五歳のヒラノ青年は、その後四半世紀を経て、本当にそのような時代が到来したことを実感したのである。

京都賞とガウス賞

二〇〇四年の春、稲盛財団からヒラノ教授あてに、「京都賞選考委員会」への就任依頼が届いた。この年の授賞対象として数理科学が選ばれたが、今回は（珍しく）応用数学も対象とすることが決まったため、工学部で数理工学を研究している人たちが、選考委員を依頼されたのである。

ヒラノ教授は一九九五年に、スタンフォード大学のコトル、イーヴス両教授と連名で、ダンツィク教授をこの賞に推薦したことがある。ノーベル賞を受賞する見込みはなくなったが、京都賞をもらえば、多少なりとも傷が癒されるのではないかと思ったためである。

しかし残念なことに、〈線形計画法はただの計算に過ぎない〉と考える純粋数学者の壁に阻まれて、受賞はならなかった。

再び数理科学が対象になったのは、一九九八年である。この時も、ダンツィク教授を推薦しようという声が聞こえてきた。前回用意した資料がそのまま使えるので、それほど手間はかからない。この時、実際に推薦されたかどうかは知らない。しかし、受賞しなかったことは確かである。

二〇〇四年にヒラノ教授が選考委員になった時、もし委員を務めていた四人の応用数学者が〈談合〉すれば、ダンツィク教授の受賞が実現していた可能性は十分あった。そうしなかったのは、間もなく九〇歳を迎える教授は、授賞の条件である世界講演旅行に耐えることはできないと思ったからである。

もう一つの理由は、アメリカ人研究者の間で、国際数学者会議が応用数学を対象として新設した、「ガウス賞」の第一回受賞者の最有力候補という呼び声が高かったからである。〈純粋数学に対する「フィールズ賞」に匹敵するこの賞をもらえるのであれば、京都賞に推薦するまでもない――〉。

ガウスとは誰だ、と言う人がいるかもしれないのであえて説明すれば、一七七七年生まれのカール・フリードリッヒ・ガウスは、人類史上最大の数学者と呼ばれている人で、数学だけでなく物理学や天文学にも不朽の業績を残している。

ダンツィクの単体法は、「ガウスの消去法」を下敷きにして組み立てられたものである。これだけ多くの分野に応用され、産業界への数学の応用として比類ない実績を持つ線形計画法の創始者ほど、この賞にふさわしい人はいない。ヒラノ教授は、こう思っていた。

11 素敵な発掘道具

新約聖書

ヒラノ青年はアメリカ留学時代に、ダンツィクのバイブルを最初から最後まで読破した。六〇〇ページすべてを読み切った日本人は、ヒラノ青年のほかには、出版から二五年後にこの本を翻訳した、小山昭雄教授（学習院大学経済学部）くらいではなかろうか。

ダンツィク以後も、線形計画法に関する多くの教科書が出版された。それらの中で、最も良く読まれたのは、八三年に出版されたヴァシェク・フバータル教授（マギル大学）の、『Linear Programming』である（この本は、出版五年後に日本語訳が出ている）。

四部構成・全四八〇ページのこの本は、内点法が出現する前の線形計画法のすべてを、一分のすきもないスタイルで書き上げた名著である。

ヒラノ教授は八三年に修士課程の授業でこの教科書を取り上げ、学生諸君に輪読形式で発表してもらうことにした。学生の質問に答えられないと、面目丸潰れになるので、どこをつつかれても大丈夫なように準備を重ねた。

ダンツィクの〈旧約聖書〉とフバータルの〈新約聖書〉を読み切って、日本で最も線形計画法に詳しい男になった(つもりの)ヒラノ教授は、一九八七年に、そのものズバリ『線形計画法』(日科技連出版社)というタイトルの教科書を書いた。

線形計画法だけでなく、二次計画法やゲーム理論への応用、誕生したばかりの内点法などをカバーした二五〇ページ余りのこの本は、その後一〇年間で約一万部を売り上げたが、改訂する時間が取れないまま放置してしまった。

このため売り上げは年々減少し、今や(著者同様)息も絶え絶えの状態である。もしカーマーカー以後の内点法をより本格的に取り入れた増補・改訂版を出していれば、今も売り上げを伸ばしていたのではないだろうか。

九〇年代に入ると、「組み合わせ最適化問題」への応用を主眼とした教科書や、「内点法」に関する専門書が何冊も出版された。〈二つの鉱脈〉の発掘作業で忙しかったヒラノ教授には、これらの本を詳しく読んでいる時間はなかったが、宝石を掘り出すためには、新・旧二冊のバイブルで手に入れた知識が〈必要にして十分〉だった。

非凸型二次計画問題

二つの鉱脈とは、「非凸型二次計画問題」と「ポートフォリオ最適化問題」である。

第4章で書いたとおり、ダンツィク教授は「双線形計画問題」をウルトラCでねじ伏せたヒラノ青年の博士論文を絶賛した。ところがそのわずか二か月後、イワン・アドラーがウルトラCには穴があることを見破った。ヒラノ青年はそれ以後二年にわたって、穴を塞ぐべく全力を尽くしたが、うまくいかなかった。

そこに伝わってきたのが、「NP完全理論」である。〈世の中には、どのように工夫してもうまく解けそうもない難しい問題が存在する〉という理論である。

幸いなことにヒラノ青年の間違いは、正式な論文になる前に発見されたので、致命傷を負わずにすんだが、双線形計画問題が悪魔の一味であることを知ったヒラノ青年は、ドン底生活を送った。

失意のヒラノ青年を救ってくれたのが、エゴン・バラス教授(カーネギー・メロン大学)である。「難しい問題にかかわって消耗するより、身の丈に合った問題と取り組んだ方がいい」というアドバイスを受けたヒラノ青年は、「整数計画問題」に転向した。こちらのほうが、双線形計画問題より少しばかり結果が出やすいように思われたからである。

一九五七年に、プリンストン大学のラルフ・ゴモリー博士が、「ゴモリー・カット」で凸多面体の一部を切り落としながら、繰り返し線形計画問題を解くことによって整数計画問題が解けることを示して以来、整数計画法に対する期待は大きく膨らんだ。

しかし、実用規模の問題を解かせてみると、いくら計算機を廻しても答えが出てこないケースがあることが判明した。その後、多くの研究者がこの問題に取り組んだが、なかなかうまく解けるようにはならなかった。この結果、ゴモリーの切除平面法は六〇年代半ばになると、〈理論倒れの代表〉と呼ばれることになったのである。

ところがその十数年後、ダンツィク教授のもとで博士号を取り、ゴモリー博士の薫陶を受けたエリス・ジョンソン博士(ＩＢＭワトソン研究所)と、バラス教授の一番弟子であるマンフレッド・パドバーグ教授(ニューヨーク大学)らによって様々な新手法が開発され、大規模なスケジューリング問題や、巡回セールスマン問題などの難しい問題が〈実用的な意味で〉解ける可能性が生まれた。

この分野であれば、何らかの結果を出せるのではないかと考えたヒラノ教授は、十数人の仲間とともに、三年にわたって勉強を続けた。しかしバラス・グループの後追い研究が精一杯で、オリジナルな成果を生み出すことはできなかった。

ヒラノ教授は、三年間の〈調査〉をもとにして、二冊の教科書『整数計画法』(産業図書、一九八二)と『整数計画法と組合わせ最適化』(日科技連出版社、一九八二)を書いたあと、この分野から撤退した。八二年の本は、その後多くの研究者に参照されたので、全く無駄な時間を過ごしたわけではないが、博士号を取ってからの一四年間、ヒラノ教授は研究より調査により多くの時間を費やしていたのである。

文科省は二〇〇一年に、全国の大学に対して「教科書作りを業績とカウントすべし」という通達を出したが、それ以前は教科書を書いても、業績にならないし収入にもつながらなかった。ちなみに、一〇〇〇時間かけて書いた『整数計画法』は、初版一〇〇〇部で絶版になったから、ここから得られた収入は時給換算で三〇〇円である。

線形乗法計画問題

ところが一九八八年になって、不運続きだったヒラノ教授に幸運が巡ってきた。中央大学で開催された「国際数理計画法シンポジウム」で、非凸型二次計画問題の一種である、「線形乗法計画問題」を速く解く手がかりをつかんだのである。

二つの一次式を掛け合わせたもの（線形乗法関数）を、一次式制約条件のもとで最小化するこの問題はNP困難問題なので、普通の方法、すなわち〈周囲を見回しながら、次第に低いところに下って行く方法〉では解けない。周囲のどこよりも低い場所に到達しても、遥か彼方にもっと深い谷があるかもしれないからである。

ところがヒラノ教授は、線形乗法計画問題という島には一本の鎖が埋まっていて、この鎖をたどって行けば、素早く最も深い谷底に到達できるということに気がついたのである（この瞬間ヒラノ青年の心臓は、あわや口から飛び出すところだった）。

ここで役に立ったのが、ダンツィクの聖書に載っている（が初等的教科書には載っていない）「パラメトリック単体法」という秘密兵器である（コラム10）。旧約聖書を完全読破したヒラノ青年に、ダンツィク教授が祝福を与えて下さったのである。

ひとたび線形乗法問題が解けると、次々とより難しい問題が解けた。そして大学院生の協力のもとで、論文を書きまくったヒラノ教授は、〈さまよえる調査マン〉生活から脱け出し、遥か前方を走る同僚のスーパースター・小島教授（東工大）を追走するマラソンマンになった。

線形乗法計画問題以上に難しい、一般の双線形計画問題が退治されたのは、一九九八年である。ポーランドのマーカス・ポレンブスキー博士が、〈押してもダメなら引いてみよう〉というアプローチでこの問題を解決したのである。このことを知った時、かつて二年にわたって押し続けたヒラノ教授は〈やられた〉と思ったが、悔しさは感じなかった。

負け惜しみを言っているわけではない。必ず最適解を生成することは確かだとしても、この方法には実用性があるとは思えなかったからである。（七〇年代のヒラノ青年のような）理論家にとっては、〈必ず答えが求まる〉ということが分かれば十分だったが、エンジニアに復帰したヒラノ教授にとっては、速く求まらなければ意味が無いのである（一般的な双線形計画問題が速く解けるようになるのは、まだまだ先だろう）。

上級者向けの コラム10 ◉ 線形乗法計画問題とパラメトリック単体法

2つの関数 $f(x,y)=x$, $g(x,y)=y$ の積 $h(x,y)=xy$ を図7の凸多面体 S 上で最小化する問題を考える．$0\leqq\alpha\leqq 1$ に対して

$$h_\alpha(x,y)=\alpha f(x,y)+(1-\alpha)g(x,y)=\alpha x+(1-\alpha)y$$

とすると，$h(x,y)$ の最小点は，$h_\alpha(x,y)$ の S 上での最小点集合 $(x(\alpha), y(\alpha))$，$0\leqq\alpha\leqq 1$ の中に存在する．$\alpha=0$ のとき $h_0(x,y)$ の最小点はD点，$\alpha=1$ のとき $h_1(x,y)$ の最小点はA点，$0<\alpha<1$ のときはA, B, C, D点のいずれかになる．

パラメトリック単体法とは，$h_\alpha(x,y)$，$0\leqq\alpha\leqq 1$ の最小点のすべてを"一筆書き的に"計算する方法である．このことと，第4章で紹介した"線形計画問題はパラメトリック単体法を用いて平均多項式オーダーで解くことができる"という事実と組み合わせると，線形乗法計画問題も平均多項式オーダーで解けることが示される．

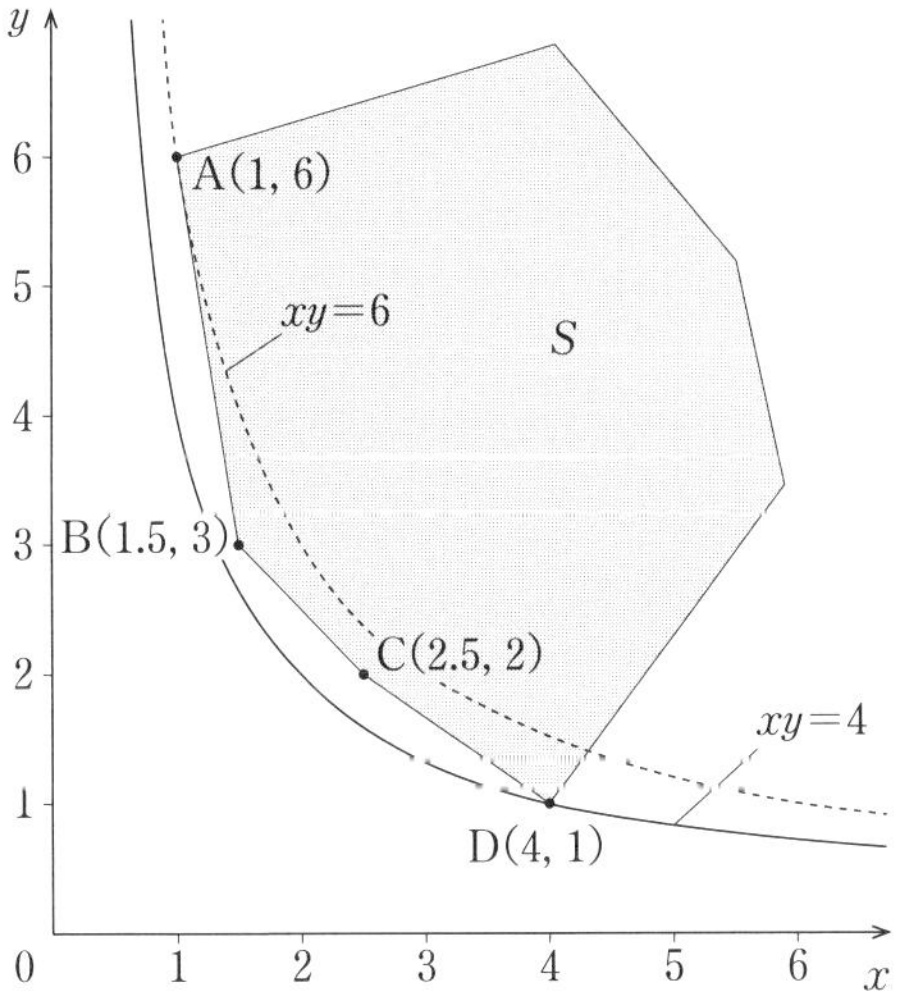

図7

ヒラノ教授の自慢話

ここからあと数ページは、数学的なことに関心がある読者のために書いた、ヒラノ教授の自慢話なので、そのような話に関心が無い人は読み飛ばして頂きたい。

線形乗法計画問題が解けて間もなく、〈線形乗法計画問題はNP困難問題である〉ことが明らかになった。「NP困難問題」とは、NP完全問題と同程度以上に難しい問題群のことを言う。

ところがこれらの問題の中には、たいていの場合は簡単に解けてしまうものもある。その代表例は、エゴン・バラス教授が考案した「分枝限定法」という組織的数え上げ法によって、大半の問題が簡単に解ける「ナップサック問題」である。ナップサック問題とは、重量制限があるナップサックの中に、どの品物を何個積み込めば、全体の価値が最も高くなるかという問題である。

線形乗法計画問題も、ほとんどすべての問題がパラメトリック単体法で簡単に解ける。これはナップサック問題の場合と同じだが、違うのはこの方法が、〈平均多項式オーダーの解法〉だということである。

詳しい説明は省略して、一言で述べれば、〈線形乗法計画問題はNP困難問題であるにもかかわらず、線形計画問題と同程度に速く解ける〉ということである。天文学的な計算量が必要になるケースはあるとしても、それは銀座通りを歩いていて、空から降ってきた隕石のかけらにあたって死んでしまうくらい珍しいことなのである。

ＮＰ困難問題の中には、「充足可能性問題」のような、煮ても焼いても食えない難問がある一方で、巡回セールスマン問題のように、工夫を重ねればうまく解ける問題や、線形乗法計画問題のように、(ほとんどの場合)簡単に解けてしまう問題もあるのだ。

九〇年代初めにこの結果を導いて以来、ヒラノ教授は二〇年にわたって悩まされてきたＮＰ困難理論の呪縛から解放された。ＮＰ困難だというだけで、絶望することはないのである。実際多くの研究者が、様々なＮＰ困難問題に取り組み、実用的な解法を作ることに成功している。

平均・分散モデル

ヒラノ教授が発掘作業に取り組んだ二つ目の鉱脈は、投資理論の基礎であるマーコビッツの「平均・分散モデル」の実用性を高める研究である。

一九五二年に提案された「平均・分散モデル」は、リスク回避型投資家の分散投資行動を解明したもので、六〇年代以降に大発展を遂げた「ファイナンス(金融経済学)理論」の基礎を作ったものとして、一九九〇年度のノーベル経済学賞を受賞した。

しかしこのモデルは、長い間経済学者に冷遇されてきた。マーコビッツの博士論文の審査員を務めたミルトン・フリードマン教授(シカゴ大学)が、「平均・分散モデルは経済学とは呼べない」と批判したことが示す通り、経済学者は、個人の資産配分という〈低次元な問題〉には関心を示さないのである。ノーベル賞受賞が決まった時も、新聞のインタビューを受けた高名な日本人経済学者は、「あれは経済学ではない」とコメントしている。

経済学者には冷遇されたが、平均・分散モデルはオペレーションズ・リサーチ（OR）の専門家から高い評価を受けた。

このモデルは、線形計画法が生まれて間もなく提案された「二次計画法」を応用したものである。スタンフォード大学に留学して間もないころ、ヒラノ青年は二次計画法のチャンピオンと称されるリチャード・コトル教授に、平均・分散モデルの現状について尋ねてみた。

これに対する答えは、「資産運用の現場では、ほとんど使われていないようだ」という予想外のものだった。この当時、一〇〇〇銘柄の資産を対象とする実用規模の平均・分散モデルは、うまく解けなかったのである。

初めて大型の平均・分散モデルが速く解けることを示したのは、ダンツィク門下でヒラノ教授の六年後輩にあたるアンドレ・ペロルド教授（ハーバード大学）である。この人は、マーコビッツ教授のアドバイスのもとで、一九八四年に大型平均・分散モデルを効率的に解く方法を考案して学問的名声を獲得したうえに、それをもとに「オプティマイザー」というソフトウェアを開発・販売して億万長者になった人である。

八五年に、ＭＩＴで開催された「国際数理計画法シンポジウム」に参加したヒラノ教授は、ペロルド博士がハーバード大学ビジネス・スクールのファイナンス教授に納まっていることを知って、好奇心をかきたてられた。〈線形計画法を研究していた男が、ファイナンス教授とはどういうことか？〉

ヒラノ教授は、帰国後すぐにペロルドの論文を読んでみた。しかし、数理計画法の専門家から見ると、驚くような内容ではなかった。

経済学は、六〇年代半ばにＯＲと袂を分かった。そして七〇年代以降、線形計画法をはじめとする最適化手法に詳しい経済学者は希少な資源になった。このため、これらの手法に詳しいペロルド博士が、新時代のファイナンス理論の担い手として、ハーバード大学のファイナンス教授ポストを手に入れたのである。

平均・絶対偏差モデル

ペロルド論文には、投資の現場で出現する厄介な問題、たとえば取引コスト問題などを処理する方法が記されていた。しかし、そのような難しい問題がうまく（速く）解けるとは思えない。実際、ペロルドのソフトウェアを使っている実務家によれば、取引コスト問題はなかなかうまく解けないということだった。

現場の厄介な条件を組み込んだ二次計画問題を、現存の技術を用いて厳密かつ速く解くことはまず不可能だ。ペロルド教授は、そのような問題を〈適当に〉処理しているのではないだろうか。

では厄介な条件を含む問題を、速くかつ厳密に解くにはどうすればいいか。ここで思いついたのが、平均・分散モデルにおける「分散」(もしくは「標準偏差」)を、それと類似の「絶対偏差」という指標に置き換えるというアイディアである。

平均・分散モデルは二次計画問題になる。一方「平均・絶対偏差モデル」は、線形計画問題として定式化することができる。線形計画問題として定式化することができれば、厄介な条件を取り入れた問題を厳密かつ効率的に解くことができるかもしれない。折からCPLEXの登場によって、線形計画ソフトは著しく効率的で使いやすくなっていた。

このあとヒラノ教授は、優秀な学生の協力を得て、厄介な条件を付け加えた大型ポートフォリオ最適化問題を解き、論文を書きまくった。

経済学者から〈まがいもの〉と批判された平均・絶対偏差モデルは、発表後八年目に、経済理論から見て、平均・分散モデルより優れたモデルであることが示され、ファイナンス理論における正市民の地位を手に入れた。このことを知ったマーコビッツ教授は、「かねて解きたいと思っていた問題が、すべて解けるようになって嬉しい」と言っていた。

なおリスクを一次式で表現するというアイディアは、その後のCVaR(条件付きバリューアットリスク〉モデルにつながった。

二つの鉱脈を行き来しながら、毎年五編以上の論文を書いたヒラノ教授は、七〇歳で定年を迎えるまでに約一五〇編のレフェリー付き論文を書いた。〈内容はともかく〉、日本のＯＲ研究者の中では、東京大学の伊理正夫教授と京都大学の茨木俊秀教授、福島雅夫教授、東工大の小島政和教授に次ぐ数字である。

これだけ多くの論文を書くことができたのは、旧約・新約両聖書で線形計画法をきちんと勉強したおかげである。一九六〇年に、森口教授から手ほどきを受けたヒラノ青年は、その後半世紀を線形計画法に支えられて過ごしてきたのである。

学生時代に〈線形計画法は理論的には単純だが、計算は恐ろしく面倒くさい〉と考えていたヒラノ青年は、七〇年代半ばになって〈線形計画問題は簡単に解けるが、その経済学的分析は厄介だ〉と宗旨替えした。そして七〇歳を超えた今、〈線形計画法は、汲めども尽きない泉のようなものだ〉と考えるようになったのである。

12 魔法使い

クラス編成問題

前の章では難しいことを書いてしまったが、ここでヒラノ教授が線形計画法の威力を実感した、二つの分かりやすい例を紹介しよう。

一つ目は、一九八五年から五年間にわたって、東工大の人文社会群で取り組んだ、一二〇〇人の一年生を一五のクラスに所属させる問題である。

学生たちは、学期はじめにガイダンスを聞いた後、第一志望から第三志望まで三つのクラスを指定する。クラス編成担当教員は、学生の希望に沿うクラス編成を行いたいと考えるが、各クラスには定員制限があるので、全員を第一志望に入れることはできない。

第二志望ならまだしも、第三志望にまわされた学生の中には、学科事務室に押し掛けて、クラス変更を求める人もいる。また第三志望にも入れない学生が発生すると、大騒動になる。

人文社会群は文系教員の集まりである。彼らの多くは、（東京高裁の判事同様）連立一次方程式の解き方を覚えていない。もちろん、線形計画法など知るはずがない。そこで彼らは、無手勝流でクラス編成を行う。この結果、毎年学科事務室は、不満を持つ学生で溢れ返った。

東工大のライバルである一橋大学では、ＡＫＢ48のように、なんでもじゃんけんで決めるということだが、理工系大学の雄が、このような安易な方法に頼るのはいかがなものか。第一、一二〇〇人にじゃんけんさせるのは大変である。

ところがＯＲの専門家なら誰でも、この問題が線形計画問題として定式化できることを知っている。

ヒラノ教授は、一九八五年にクラス編成当番が回ってきたとき、第一志望に入った学生には七〇点、第二志望には三〇点、第三志望には〇点、そしてそれ以外の場合は、マイナス一〇〇万点の得点を与え、学生の総得点を最大化する線形計画問題（輸送問題）を解くことにした。

大型計算センターに入っているＨ社の計算機でこの問題を解いたところ、一二〇〇人中約八〇〇人が第一志望に所属し、第三志望にまわされた学生は五〇人以下だった。前年までの、三日がかりのクラス編成結果に比べて、劇的な改善が実現されたのである。

気を良くしたヒラノ教授は、第一志望の得点を六〇点、第二志望を四〇点、第三志望を〇点に変更して、問題を解きなおしてみた。すると、すべての学生が第二志望までに納まるという結果が得られた。

五〇人の第三志望学生が第二志望にまわった代わりに、第一志望も五〇人ほど減ったが、この素晴らしい計算結果を見たヒラノ教授は、線形計画法の威力に脱帽した。

脅しに負けたヒラノ教授

この日以来、江藤淳教授をはじめとする文系教員たちは、ヒラノ教授を〈魔法使い〉として畏怖するようになった。そしてその代償として、ヒラノ教授は毎年四月にこの問題を解かされることになったのである。

毎年この仕事を引き受けるとなると、どのようなデータがやって来てもうまく解けることを検証しておかなくてはならない。そのためには、一〇〇〇ケースくらいの問題を解いてみる必要があるが、H社が作成した線形計画ソフトは、許しがたいほど遅かった。

一〇年前にウィーンでお世話になったCDC6600／UMPIREであれば、一分以下で解けるはずの問題が、二〇分近くかかるのである。一〇〇〇回のシミュレーションを実施するためには二万分(三〇〇時間)もかかる。

そこでヒラノ教授は、優秀な大学院生にアルバイト代を支払って、「主・双対法」を使ったプログラムを開発してもらった。このプログラムは驚くほど速かった。データの入力が終わったあとスタートボタンを押すと、一秒後には計算が終わり、プリンターから各クラスの所属学生の学籍番号が打ち出される。

文系教員は、線形計画法の威力にひれ伏したが、学生たちはこの方法にクレームを付けた。〈自分の第一志望と、あんな奴の第一志望が同じ七〇点とはどういうことか〉。〈教員の都合で勝手に得点を決めるな〉。〈仲がいい友人と同じであれば、どのクラスでもいいという希望を認めるべきだ〉などなど。

そこでヒラノ教授は、これらの希望にこたえるため、この方法に改良に次ぐ改良を続けた。この結果、四年目の一九八九年には、苦情を申し立てる学生は一人もいなくなった。そこで、〈究極のクラス編成法〉の解説文とソフトウェアを組み合わせて、七つの大学の友人たちに(無料で)配布したうえで、日本OR学会の機関誌に自慢話を書いた。この結果、〈クラス編成法のヒラノ教授〉の名声は日本全国に轟いた。

この方法は、ヒラノ教授が東工大を停年退職したあとも何年か使われていたが、今ではヒラノ以前に戻ってしまったようである。文系教員諸氏は、このような〈つまらない〉仕事を引き受けて、時間を無駄にしたくないからだろう。

クラス編成問題の権威になったヒラノ教授は、より大型の問題、たとえば一万人の学生(自衛官)を五〇〇のクラスに(部隊)に所属させる問題を解くため、当時評判になっていた、カーマーカーのアフィン変換法を使ったプログラムを開発しようと考えた。

ここに姿を現したのが、AT&Tベル研究所の営業マンである。この人は、カーマーカー・グループが開発した線形計画ソフト「KORBX」の売り込み先に関する情報を手に入れる目的で、ヒラノ研究室にやってきたのである。

そこで、バブル景気の中で、トヨタ自動車より大きな利益を上げていたN証券を紹介したついでに、ヒラノ・グループの計画を紹介した。するとこの営業マンは、次のような恐ろしい言葉を発した。

「アフィン変換法はもちろん、制約領域の内部を通って最適解を求めるプログラムを作るのであれば、(それがアフィン変換法以外の方法であっても)特許使用料を申し受けます」

「日本では、アフィン変換法は特許になりません。あれはディキンという人が、カーマーカーより一七年も早く提案したのと同じものだからです」

「そのようなことを言う人がいることは承知していますが、アメリカでは特許になっています」

「プログラムを作っても、それで儲けようというわけではありません。大学でのクラス編成に使うだけです」

「クラス編成は、大学の業務の一つですね。大学が業務遂行のために使うのであれば、それは利益が上がっているということです」

「本気でそのようなことをおっしゃっているのですか」

「もちろん本気です。特許使用料を払いたくないのであれば、われわれの特許に抵触するプログラム作りは、おやめになったほうがよろしいのではありませんか」

「ここはアメリカではありませんから、特許権は及ばないはずです」

「間もなく日本でも特許が成立するはずです。そうなれば、特許を申請した一九八六年に遡って効力が発生します」

脅しに負けたヒラノ教授は、プログラム開発を見送った。そしてこの時の悔しさが、後にカーマーカー特許裁判を行う際のエネルギー源になったのである。

東工大の学科所属問題

クラス編成問題のチャンピオンになったヒラノ教授は、その数年後、もう一つの難問である「学科所属問題」に取り組んだ。

東大と違って東工大では、入学試験で学生を第一類から六類までに分けて募集している。第一類は理学部の四学科、第二類から六類までは、工学部の材料系、化学系、機械系、電気系、建設系の、それぞれ三ないし四学科に進学する学生のグループである。

この中で問題が多いのが、全く趣きが異なる学科で構成される一類と六類である。これらの類では、第一志望に入れなかった学生は、やる気をなくして留年を繰り返したり、学生運動に奔《はし》ると言われていた。

そこで以下では、クラス編成問題の権威であるヒラノ教授が、一年にわたって努力したにもかかわらず、〈守旧派〉の反対で実現されずに終わった、第六類の「超学科所属法」を紹介しよう。

東工大の学科所属方式は、東大の理科一類と同様、成績優先／第一志望優先方式である。第一段階では、学科ごとに、その学科を第一志望とする学生を成績順に並べ、上から順番に定員まで合格させる。

第二段階では、第一志望にはねられた学生を、第二志望クラスに成績順で並べる。定員に空きがあれば、順番にその学科に配属させる。第二志望にも入れなかった学生は、第三志望にまわる。そこにも入れなかった学生は、定員に空きがある適当な学科に所属させる。

問題は、第一志望に外れた学生の中に、その学科に入ることが目的で東工大に入学した学生がいる場合である。成績が悪いのだから入れなくても仕方がない、という読者もおられるだろう。むしろ大半の読者は、そう考えるのではないだろうか。

しかし、である。第一志望に入った学生の中には、その学科を強く志望しているわけでもないのに、その時のムードで第一志望に指定した学生が相当数含まれているのである。

成績が良くても、その学科を特別強くは希望していない学生と、少々成績は悪いが、強く志望している学生のどちらを、この学科に所属させるべきか。人によって意見は分かれるだろうが、ヒラノ教授は、成績と志望の強さを合成した得点を使って総得点の最大化を行えば、より望ましい学科所属が可能になるのではないかと考えた。

この提案に関心を示した教務部長は、ヒラノ教授にこの方法を試してみるよう要請した。もしうまくいけば、全学にこの方法を適用したいと言うのである。

そこでヒラノ教授は、六類の学生一五〇〇人の学生の志望パターンを調べた上で、一〇〇点満点の学業成績と、一〇〇点満点の志望の強さの幾何平均を用いて、線形計画問題を解いて見た。すると予想した通り、第三志望にまわる学生数が激減したのである。

第一志望の学科を強く志望しているにもかかわらず、第三志望にまわされた何人かの学生が第一志望に所属し、その代わりに、それほど強く志望していなかった何人かの学生が、第二志望にまわった結果である。

ヒラノ教授は、教務部長にこの結果を説明した。しかし、この業務を依頼した前任者と違って、新教務部長はこの方法の採用を見送った。

各学科は、いかにして成績がいい学生を取り込もうかと血眼になっている。特に新教務部長が所属する類では、類似した四学科が激しく競合していた。〈どの学科に所属しようが大した違いはないのだから、第一志望優先／成績優先方式には何の問題もない。そんなところに、新方式を持ち込んで、混乱を招くのは願い下げだ〉というわけである。

この結果、半年に及ぶ努力にもかかわらず、ヒラノ教授の提案は退けられてしまった。

ではこの本の冒頭で紹介した、東京大学理科一類の学科所属問題に、ヒラノ方式を持ち込もうとしたらどうなっていたか。

人気学科の教授たちは、このような問題には関心を示さない。彼らは、学生時代に上位五％以内の成績を取った秀才の集まりだから、その他大勢の学生の悩みには関心が無いのである。

一方、不人気学科の教授たちは、この方式が与える影響を知ったら、強硬に反対するに違いない。なぜなら彼らは、第一志望にはねられた成績優良者が、第三志望で自分の学科に流れてくることを期待しているからである。

〈俺たちの学科が、成績不良学生の収容所になったら、後継者を育てることができなくなる〉というわけである。二〇学科中の不人気五学科が結束すれば、ヒラノ提案をつぶすのはわけもないことである。

では一九六〇年に、もし理科一類でヒラノ式超学科所属法が採用されていたら、ヒラノ青年にどのような影響を及ぼしただろうか。

第二回目の足切り得点が、予想以上に高かったことを知ったヒラノ青年は、成績がいい学生の中から、第三志望にまわされるリスクを避けようとして、より定員が多い学科に志望を変更する人が出ると予想した。

実際その通りの結果になったわけだが、ここでもしヒラノ方式が採用されていれば、この学科を強く志望していた成績優良者は、志望を変更しなかった可能性が高い。そういう人が二人いれば、ヒラノ青年はこのコースに入れなかったのである(ヒラノ方式が使われなくてよかった、よかった)。

13 巨星墜つ

最後のシンポジウム

ローザンヌで、線形計画法の誕生五〇周年を祝う、第一六回国際数理計画法シンポジウムが開かれた一九九七年、八二歳のダンツィク教授はまだ意気盛んだった。

アメリカの大学では、七〇年代半ばに定年制が廃止され、体力と研究資金が続く限り、七〇歳を超えても教授ポストにとどまることができるようになった。このためダンツィク教授は、この時もまだスタンフォード大学名誉教授として、長年の研究協力者であるゲルド・インファンガー博士とともに、「エネルギー計画問題」や「不確定性のもとでの最適化法」の研究を続けていた。

近々立ち上げる予定の「資産運用問題に対する数理計画法の応用」プロジェクトへの協力を求められたヒラノ教授は、もちろんイエスと答えた。折から東工大では、金融工学を研究するための「理財工学研究センター」設立構想が持ち上がっていたから、スタンフォード大学との共同プロジエクトは、願ってもないことだったからである。

「理財工学研究センター」構想は、その二年後の一九九九年に実現した。しかし、ダンツィク・プロジェクトには、スポンサーがつかなかった。いかに高名な研究者であっても、八〇代半ばになってから新たなプロジェクトを成功に導く可能性は小さい、と判定されたのである。

ローザンヌではお元気だったダンツィク教授は、三年後にアトランタで開かれた第一七回シンポジウムの時には、見違えるほど弱々しく見えた。バークレー時代の弟子であるエリス・ジョンソン教授（ジョージア工科大学）に抱きかかえられながら階段を下りてくる姿を目にしたヒラノ教授は、このシンポジウムでダンツィク教授にお目にかかるのは、これが最後になるだろうと思っていた。

二〇〇三年のシンポジウムは、コペンハーゲンで開催されることに決まった。しかしダンツィク夫人は、八八歳の夫がデンマークに行くことに反対するだろう。教授がそれを振り切ってまで、長時間フライトのリスクを冒すとは思えない。ダンツィク教授が来ないシンポジウムは、気の抜けたビールのようなものである。

それだけではない。八八年の東京シンポジウム以来、第二世代ユダヤ人との付き合いに疲れていたヒラノ教授は、アトランタにおけるN教授（ジョージア工科大学）のシンポジウム運営を見て、彼らとの付き合いはこのあたりで終わりにしよう、と思ったのである。

うんざりしていたのは、ヒラノ教授だけではない。ギリシャ人のパノス・パルダロス教授、ベトナム人のホアン・トイ教授、ドイツ人のジークフリード・シャイブレ教授も同じことを感じていた。

数理計画法が誕生して以来、この分野をリードしてきたのはユダヤ勢力である。六〇年代初めに活躍していた有力研究者一〇人を上げれば、その大半はユダヤ人だった。ジョージ・ダンツィク、アブラハム・チャーンズ、レイ・ファルカーソン、ラルフ・ゴモリー、エゴン・バラス、リチャード・ベルマン、ベンジャミン・ローゼンなどなど。

学生時代のヒラノ青年は、すぐれたユダヤ人たちの名前に憧れた。スタンフォード時代に、これらの優れた第一世代ユダヤ人のほとんどすべてをなまで見たヒラノ青年は、彼らに対する尊敬の念を一層深めた。

第一世代の薫陶を受けた第二世代のユダヤ人も、優れた人が多かった。しかし、自らこの分野を切り開いてきた第一世代と違って、第二世代には謙虚さを欠く人が含まれていた。

ＭＩＴで開かれた東京シンポジウムの打ち合わせの際に、学会の中枢を占める第二世代の理事たちと付き合ったヒラノ教授は、〈金持ち日本人〉に対する彼らの法外な要求（旅費の負担、特定グループに対する登録料の免除などなど）におったまげた。ここでイエスと言って、あとになって要求を満たすことができなければどうなるか。

国際公約違反として責められるより、ここはノーと言ったほうが賢明だと判断したヒラノ教授は、彼らの要求を拒否した。この結果ヒラノ教授は、第二世代ユダヤ人たちの反感を買った。「数理計画法の父」の息子であることが幸いして、村八分にされるまでには至らなかったものの、ヒラノ教授はこの時以来いつも、彼らの冷たい視線を感じていたのである。

カーマーカーがアメリカを去ることになったのは、本人の責任が大きい。しかしそれを決定づけたのは、ユダヤ人グループのチャンピオンたちに暴言を吐いたために、第二世代のユダヤ人集団を敵に廻したことである。もしカーマーカーがユダヤ人だったら、学界の中枢を占める彼らがこの人を守っただろう（そもそもユダヤ人だったら、暴言など吐かなかっただろうが）。

最後にダンツィク教授にお目にかかることになっていたのは、ＩＮＦＯＲＭＳ（アメリカＯＲ学会）が設立されて五〇年目にあたる二〇〇二年に、サンノゼで開かれた研究集会の時である。

大腿骨を骨折して以来、歩くことができなくなった夫人の介護と自らの体力を考慮して、（二〇マイルしか離れていない）サンノゼに来られないことを知ったヒラノ教授は、ほんの少しの時間だけご自宅に伺おうと考えた。ところが不運な手違いのおかげで、この日的を果たすことはできなかった。

ヒラノ教授は六〇歳を超えるころから、よほどのことがない限り、海外出張を控えるようにしていた。もともと飛行機が嫌いだった上に、難病を患う妻を残して外国に行く気になれなかったのである。

ダンツィク教授が亡くなったのは、二〇〇五年の五月一三日である。遺族によれば、二週間前までは元気だったが、感染症にかかって入院したあと間もなく亡くなったという。

ダンツィク教授は、三〇代初めに単体法を提案したあと、九〇歳で生涯を閉じるまで、線形計画法とともに過ごした。七〇年代に入って、〈ダンツィク教授はもう終わった〉と批判されながらも、最後までこの分野に留まり、ついには「二〇世紀のラグランジュ」という名声を手に入れたのである。

残念なことに、ダンツィク教授はノーベル賞も京都賞も、またガウス賞も手にすることはできなかった。

ダンツィク教授に替わって、二〇〇六年に世界数学者会議が選定する「ガウス賞」の第一回受賞者の栄誉に浴したのは、ダンツィク教授より一年あとの一九一五年に生まれた伊藤清・京都大学名誉教授である。九〇歳を超えた伊藤教授は、重い病気のため受賞式に参列することはできなかったが、ダンツィク教授より少しばかり長生きしたのが幸いしたのである。

金融工学の発展に重要な役割を果たした「確率積分理論」と、企業や組織の意思決定に幅広く応用され、金融工学にも多大な貢献を果たした「線形計画法」のいずれが、ガウス賞によりふさわしいだろうか。

意見は分かれるだろうが、線形計画法が産業社会や応用数学界に及ぼした影響力の大きさと、「ガウスの消去法」に改良を施すことによって、超大型線形計画問題の効率的解法を作り上げた功績を考えれば、ダンツィク教授に軍配が上がるのではないだろうか。しかしノーベル賞と同様、ガウス賞も生きている人だけに与えられる賞なのである。

ダンツィク教授の訃報に接した時、ヒラノ教授は三年前の二〇〇二年に、東京大学時代の師である森口繁一教授が亡くなった時に匹敵する喪失感を味わった。ダンツィク教授より二つ年下の森口教授は、ヒラノ青年にとって仰ぎ見る存在だった。工学部三〇年に一人の秀才は、本当にすごい人だった。

一九六〇年代半ばの東大には、すごい人が何人もいた。森口教授以来の秀才と呼ばれた伊理正夫助教授、伊理助教授と双璧と言われた竹内啓・経済学部助教授、森口教授が尊敬する増山元三郎博士など。しかしこれらの人も、森口教授には遠く及ばなかった(とヒラノ教授は思っている)。

リーバーマン教授が、ケネス・アローと同じくらい頭がいいと言ったくらいだから、森口教授は世界最高レベルの頭脳の持ち主だったのだ。しかし森口教授は、ダンツィク教授と違って、一つの場所に留まらず、社会のニーズに応じて次々と新しい分野に進出し、実務的な仕事で傑出した業績を上げた。

学生たちは、統計学、ＯＲ、数値解析、計算機プログラミングという四つの分野の第一人者を兼務する森口教授を、シャーロック・ホームズの強敵モリアーティ教授と呼んでいた。

しかし森口教授は、余りにも多くの仕事を手がけたために、後世に残る大きな学問的業績を上げることはなかった。日本最高のエンジニアを目指し、日本の産業発展に貢献した森口教授の業績は、後からやって来たエンジニアの手で上書きされ、今やこの人のことを知る人はほとんどいなくなってしまった。

森口教授自身は、自分のキャリアを後悔することはなかっただろう。しかしその弟子であるヒラノ教授は、もし森口教授が友人たちの要請に応じてアメリカの大学に留まっていたら、ユダヤ人勢力を向こうにまわして、歴史に残る学問的業績を残したに違いないと考え、アンビバレントな気持ちを味わうのである。

ダンツィク教授に推薦状を書いて下さった森口教授は、ヒラノ教授の著書の熱心な読者の一人でもあった。『理財工学Ⅰ、Ⅱ』(日科技連出版社、一九九五、一九九八)、『Optimization on Low Rank Nonconvex Structures』(Kluwer Academic Publishers, 一九九七)、『特許ビジネスはどこへ行くのか』(岩波書店、二〇〇二)などを、最も高く評価して下さったのはこの人である。

エンジニアは、専門に関わる本と趣味の本以外は読まない生き物である。ヒラノ教授がこれらの著書を献呈したエンジニアの中で、それを全部読んでくれた人はごく少数である。しかしスーパーエンジニア森口教授は、これらの本すべてを読んだ上で、激励のメッセージを送って下さったのである。

14　最適化の時代

進軍ラッパ

第二世代ユダヤ人研究者の代表であるジョージ・ネムハウザー教授は、一九九三年にアメリカOR学会の機関誌で、〈最適化の時代がやってきた〉というラッパを吹いた。〈大きな問題が解けるようにはなったのは確かだが、「最適化の時代」とはやや大げさではないか〉。これが、その一年前に出した『数理決定法入門』(朝倉書店、一九九二)という教科書の中でラッパを吹いたヒラノ教授の感想だった。

九年後の二〇〇二年に、ロバート・ビクスビー教授が、同じ雑誌で「いまやわれわれは、たった数年前の最新技術を無力化するような最適化エンジンを手に入れた。一〇年前には絶対に解けないと思われていた問題が解けるようになり、新しい応用分野は限りなく広がった」と書いた時も、ヒラノ教授は実感をもって受け止めることはできなかった。

理由ははっきりしている。それまで、あまり大きな問題を解いた経験はなかったし、解く必要もなかったからである。

そのころヒラノ教授が取り組んでいたのは、ハーバード・ビジネススクールのペロルド教授が解けると宣言したにもかかわらず、なかなかうまく解けなかった、「取引コストのもとでのポートフォリオ最適化問題」である。〈これが解ければもう思い残すことはないが、おそらく現役中には解けないだろう〉と思っていた難問である。

ところがその一年後、非凸型二次計画問題に対して考案した方法を拡張することによって、大型の取引コスト問題がうまく解けたのである。ヒラノ教授は、問題解きを手伝ってくれた博士課程のY君と祝杯をあげた。

このあとヒラノ・グループは、この問題を整数線形計画問題として定式化し直し、(遅いはずの)CPLEXで解かせてみた。ところが楽勝だったはずの勝負で、CPLEXに惨敗してしまった。

一年ほど前から、〈CPLEXを使えば大型の整数計画問題が速く解けるらしい〉という噂は耳にしていたが、それまでの常識では信じにくい話だった。ところが、実際に試してみたところ、CPLEXは驚くほど速かった。

しかし専門家の中には、出てきた答えが本当に最適解なのかどうかを疑う人がいた。これを検証するためには、別のソフトを使って、同じ答えが出てくるかどうかを確認する必要がある。ところが、このような大型問題を解くことができるソフトは、CPLEX以外には存在しなかった。ヒラノ・グループが開発した方法を使って解いた結果と、ほぼ同じ答えを出してくるということは、CPLEXの正しさの裏付けになるものだが、ほかの問題でも同じ結果が出るだろうか？

こう思っていたところに出現したのが、もう一つのソフトXpress-MPである。整数計画法のカリスマである、エゴン・バラス教授のアドバイスのもとで作られたということだから、信用できるはずのソフトである。

そこで二つのソフトで同じ問題を解かせたところ、全く同じ答えを打ち出した。この時以来ヒラノ教授は、CPLEXは正しい答えを出してくれる、と確信するようになったのである。

このあとヒラノ・グループは、最後の難問、「組み込み銘柄数に制限があるポートフォリオ構築問題」に手を付けた。運用資金が少ない投資家の場合、実際に投資できるのは精々二〇銘柄程度である。しかし、普通に平均・絶対偏差モデルを解くと、一〇〇銘柄に投資せよといった非現実的な答えが出てくる。

そこで、組み込み銘柄数に制限を付けた平均・絶対偏差モデルを、整数線形計画問題として定式化してCPLEXで解かせたところ、考えうる最大の問題、すなわち一七〇〇銘柄を対象とする問題もするすると解けてしまった。〈最適化の時代が到来した〉というネムハウザー、ビクスビー両教授の言葉を実感したのはこの時である。

その後CPLEXはますます進化し、大規模最適化問題を解く強力なエンジンになった。八〇年代半ばからCPLEXの開発に携わり、「最適化の時代」を牽引したビクスビー教授に対して、INFORMS（アメリカOR学会）は、二〇〇四年に新設された「インパクト賞」の第一回授賞者に選んでいる。

CPLEXはライバルのXpress-MPを振り切るべく、さらに進化を続けた。二〇〇六年にリリースされたCPLEX10・0の計算スピードは、一九八八年のCLLEX1・0に比べて約一〇〇〇万倍速くなっている。一八年前には一年かかっていた問題が、三秒で解けるようになったのである。

功成り名遂げたうえに、富まで手に入れたビクスビー教授は、二〇〇七年にCPLEX社を大手ソフトウェア会社ILOGに売り渡して、自らその技術顧問に納まった。しかしこのころになると、〈計算機の性能は一八か月ごとに二倍になる〉という「ムーアの法則」に頭打ち傾向が見えてきた。計算機が、これまでのようには速くならないのであれば、計算方法の進歩に期待するしかない。

これから先も、CPLEXの快進撃は続くだろうか？　こう思っていた二〇〇九年、ILOG社はIBM社に吸収され、ビクスビーはILOG社を辞めてしまった。

一九四五年生まれのビクスビーは、すでに六五歳の老人である。ORの世界で最もリッチなプロフェッサーと言われるビクスビーは、テキサスの豪邸で悠々自適の生活に入るのだろうか。

偉大な父親を失ったＣＰＬＥＸを、これから先誰が面倒を見るのか。ＩＢＭは一層の性能向上に努めると言っているが、ビクスビーに替わる人が現れなければ、六〇年間続いた「一〇年で一〇倍の法則」を維持することはできないだろう。線形計画法は、ついに行きつくところまで行ったのか。

ところが、ここに予想外のことが起こる。ビクスビーはＩＬＯＧを退社すると同時に、二人の優秀なスタッフとともに、新たなソフトウェア会社「ＧＵＲＯＢＩ」を設立して、ＣＰＬＥＸよりさらに高性能のソフト作りを開始したのである。

ヒラノ教授は、その直後にビクスビーの話を聞く機会があったが、「ＣＰＬＥＸのノウハウに加えて、まだたくさんのアイディアがあるので、これから先も、さらに効率的なソフトを作り続けるつもりだ」と、自信たっぷりに語っていた。

では実際にはどうなったのか。ビクスビーによれば、二〇一一年にリリースされたＧＵＲＯＢＩ４・６は、ＩＬＯＧ－ＩＢＭのＣＰＬＥＸ12・1を破って、世界ナンバーワンの地位を手に入れたという。

ビクスビーのパワーは、その後も一向に衰える気配を見せない。二〇一三年秋にリリースされたＧＵＲＯＢＩ５・6は、バージョン４・６に比べて二倍近く速くなっているようだ。

おそらくＩＢＭも、王座を奪還すべくＣＰＬＥＸの改良に取り組んでいるだろう。かつてのＯＢ１とＣＰＬＥＸの闘いが、また繰り返されるのだ。わくわくするようなこの勝負で、最後に勝利を握るのはどちらだろう。それともここに新たなソフトが出現して、ＣＰＬＥＸとＧＵＲＯＢＩを蹴散らしてしまうのだろうか。

七〇歳の大台を超え、独創性がゼロになったヒラノ教授は、近い将来に再び誰かが、「一〇年前には誰も解けないと思われていた問題が解けるようになった」と書く日が来るのを待っている。

これからの数理計画法

この本を読んだ人は、七〇年代のヒラノ教授のように、〈線形計画法はもう終わった〉と思うかもしれない。確かに、線形計画法そのものについては、一般紙の第一面に載るようなブレークスルーが実現される可能性は小さい。しかし、線形計画法が生み出した様々な知見は、より難しい問題を解く際に役立っている。

そこで以下では、その中のいくつかを紹介することにしよう。

第一は、ヒラノ教授が現役最後の一〇年間に取り組んだ、企業の倒産判別問題で使われた「半正定値計画問題」である。

線形計画問題というのは、凸多面体上で一次式を最大化・最小化する問題である。これに対して、〈凸多面体と楕円体の共通部分〉上で一次式を最大化・最小化するのが、半正定値計画問題である。

線形計画法に対して開発された「主・双対内点法」を拡張することによって、この問題がうまく解けることが示されたのは、九〇年代半ばである。

自分の研究室から二〇メートルしか離れていない場所で、研究の鬼・小島教授が学生たちとともにこの問題に取り組んでいるのを見たヒラノ教授は、〈それは一体何の役に立つのでしょうか〉と思っていた。

凸多面体と楕円体の共通集合上であれば、線形計画問題と似たような「双対定理」が成り立つことは、おおよそ見当がつく(証明は簡単ではないかもしれないが)。だとすれば、主・双対内点法のようなものを使えば解けるだろう(その方法が、必ず最適解を生成することを証明するのは難しいだろうが)。

しかし、そのような問題が解けるからといって、実用的な応用はあるのだろうか？　理論的には単純そうに見えた線形計画法がここまで発展したのは、様々な分野に幅広い応用があったからだ。数学的には美しくても、実用の役に立たないものは、工学的立場からは意味がない。

ところがこれは、ヒラノ教授の認識不足だった。この問題が解けることが分かった途端に、電気工学や機械工学における面白い応用問題が、ワラワラと飛び出してきたのである。それまでも、この問題を解きたいと思っていた人はいたが、解けないと思って諦めていたのだ。

実は二〇世紀が終わるころ、ヒラノ教授は企業の財務データを使って、一万社の企業を倒産グループと非倒産グループに分類する問題、すなわち「倒産判別分析」に取り掛かっていた。

ヒラノ教授の拠り所は、オルヴィ・マンガサリアン教授(ウィスコンシン大学)が、乳がん診断に応用して大成功を収めた、線形計画法を用いた「超平面判別法」である。この方法を使うとX線写真をもとにして、九七％以上の精度で腫瘍が良性か悪性かを判断できるという（これは専門医の判定精度を上回る）。

ところが予想に反して、ヒラノ教授の実験結果は無残なものだった。諦めきれないヒラノ教授は、半正定値計画法を用いた「超楕円面判別法」を考案した。すると、超平面判別より遥かにいい判別結果が得られたのである。

また、この方法を拡張することによって、企業をいくつかのグループに分類する「格付け」にも応用できることが分かった。半正定値計画法は、電気工学や機械工学だけでなく、金融工学にも役立ったのである。

判別分析と言えば、「サポート・ベクター・マシーン」を無視することはできない。ウラジミール・ヴァプニク博士（AT＆Tベル研究所）によって提案されたこの方法は、互いに入り組んだデータを、二つのグループに分類するための方法である。

ヒラノ教授の古い頭では、どれほど勉強しても、〈分かった感覚〉が手に入らなかった魔法のような方法である。今では、不鮮明な文字や図形を判別する「パターン認識」に不可欠な道具になっているが、この方法で使われているのが、線形計画法の弟分である二次計画法である。

七〇年代には、科学技術計算の一〇％から二五％が線形計画計算だと言われていたが、これにサポート・ベクター・マシーンが加わった結果、科学技術計算における線形計画・二次計画計算のシェアは、一層高まっているはずである。

線形計画法を核として生まれた、「非線形計画法」、「整数計画法」、「組み合わせ最適化法」、「半正定値計画法」、「大域的最適化法」などの理論は、「数理計画法」という巨大な研究領域を作り出し、幅広い分野に応用されている。

しかし解かれたのは、解くべき問題のごく一部に過ぎない。数理計画法の専門家は、これから先も多くの難問を解かなくてはならないのである。

最適化の時代

ヨーロッパに本拠地を置く、「ARC Advisory Group」というコンサルタント会社は、二一世紀を「最適化の時代」と呼んでいる。エネルギー問題、環境問題、資源問題、人口問題など、二一世紀の世界に横たわる難問をクリアして、人類が二二世紀まで生き延びるためには、様々な〈技術突破〉が要求される。そしてそれをサポートするのが、希少な資源の効率的利用を可能にする、最適化技術だというのである。

ビクスビー教授は二〇〇一年に、〈われわれは、一〇年前には誰も解けないと思われていた問題を解くことができる最適化エンジンを手に入れた。これがどのような影響をもたらすかまだ分からない〉と書いた。一〇年後の今、ヒラノ教授は、最適化エンジンこそが、二一世紀の世界を救うものになると期待している。

研究者には、運不運が付きものである。もちろん才能は必要であるが、いかに才能があっても、いい問題に巡り合わなければ、いい成果は得られない。

ダンツィク教授は第二次大戦直後に、線形計画問題に出あった。そして、たちまちのうちに単体法を作り出した。同じころに同じ問題に巡り合った人は、ダンツィク教授だけではなかった。しかしダンツィク教授は、ランド・コーポレーションという世界最高のシンクタンクで、アロー、ファルカーソン、シャプレーをはじめとする世界最高の頭脳たちと切磋琢磨する中で、アイディアを膨らませていったのである。

ダンツィク教授本人も、「線形計画法がこれほど発展するとは予想しなかった」と言っているが、ノーベル賞こそもらえなかったものの、「数理計画法の父」、「二〇世紀のラグランジュ」は運がよかったのだ。

同じことは、ビクスビー教授にも当てはまる。この人が（役に立ちそうもない）理論研究から、ソフトウェア作成に乗り出したのは、四〇歳を超えてからである。研究者から実務家への転身には、大いなる決断が必要だったはずである。

ビクスビーは、CPLEX社を設立して優秀な人材を雇い入れ、それまで埋もれていたアイディアを徹底的にテストした。折からパソコンが急激に安くなり、様々なアイディアを簡単にテストできるようになっていた。

大成功を収めた後、一時は内点法に苦杯を喫するかと思われたが、それを凌ぎきってOB1を吸収し、さらに強力なソフトを作り上げた。二五年にわたるCPLEX開発の物語は、誰かが書き残すべき価値があるのではなかろうか。

ヒラノ教授がやったことは、森口教授の一〇〇分の一、ビクスビー教授の一〇〇〇分の一、ダンツィク教授の一万分の一以下である。それにもかかわらずヒラノ教授は、自分のキャリアに満足している。

「今頃から線形計画法なんかやって、どうなるのでしょう」と言った経済学者のS教授に対して、今ならはっきり反論できる。

「私は、線形計画法のおかげで、様々な問題を解くことに成功しました。私は、線形計画法とともに過ごしたことに誇りを持っています」と。

あとがき

二〇一一年三月、ヒラノ教授は現役を引退した。引退後の名誉教授にも、研究室や事務サービスを提供してくれるアメリカの大学と違って、研究室も研究費もなく、事務サポートも得られない名誉教授は、大学コミュニティの〈ゾンビ〉である。中には、定年後も研究を続けている人がいるが、すぐれた研究成果を出す人は例外的存在である。

七〇歳を超えて独創性がゼロになったゾンビは、これから先研究を続けてもロクな成果は出せないだろう。ダンツィク教授も森口教授も、七〇歳を超えてからはオリジナルな成果を出せなかったのだから、ヒラノ教授ごときが出せるはずがない。

しかし、困ったことに時間は有り余るほどある。何もしなければ、独創性はゼロからマイナスになる。

そこで、研究者としての使命を終えたヒラノ名誉教授は、潤沢な時間を使って、独創性がゼロでもやれる、〈二〇世紀の日本を支えた、世界最強のエンジニアの物語〉を書く仕事をはじめた。

書くべきことはたくさんあった。そして何冊かの本を書いた後、自分にとって最も重要なことを書き残していることに気が付いた。それは、学生時代以来関わってきた「線形計画法」の物語である。

数理計画法の専門家であれば、ヒラノ教授の個人的体験を除けば、ここに書いた大方のことはご存じのはずである。しかし、そのような人は日本中を探しても、二〇人くらいしかいないだろう。数学者や経済学者は、線形計画法が過去六〇年にわたって、最も社会の役に立った数学理論であることを知っているはずだ。しかし彼らは、この分野に関心を示してくれない。一流大学の数学科や経済学科で、線形計画法をきちんと教えているところはほとんどないという事実が、その証拠である。

数学者が関心を持つのは〈美しい数学理論〉であって、〈世の中の役に立つ数学〉ではない。一方、数理工学者にとって大事なのは、役に立つことである。もちろん美しいに越したことはないが、美しくても役に立たなければだめなのである。

経済学者が関心を持つのは、大所高所からの定性的理論であって、現場の具体的問題を解くことではない。一方、数理工学者の関心は、具体的な問題を解いて、社会に役立てることである。

もし日本の数学者が、アメリカの数学者のように、役に立つ数学に関心を持ってくれれば、また日本の経済学者が現場の問題に関心を持ってくれれば、数理計画法の応用はもっと広がるだろう。

線形計画問題は、超大型のものでも解けるようになった。しかし、世の中にはまだまだ難しい問題が残っている。むしろ難しい問題ばかりだ、と言ってもいいくらいである。難題山積の二一世紀を乗り越えていくためには、これらの難しい最適化問題を解くことがカギを握っている。

二〇世紀が終わるころ、日本は数理計画法の分野で、世界ナンバーツーの地位を手に入れた。伊理正夫、刀根薫教授という二人のカリスマ研究者のもとで、全国の優秀な研究者が団結して、競争と協力を繰り返すなかで、数々の国際的研究者が育ったのである。

しかし日本経済と同様、雲霞のように押し寄せる中国をはじめとする新興勢力に抜かれる日は、いまや目前に迫っている(もう抜かれたと言う人もいる)。

数学者や経済学者の協力が得られない状況の中で、ナンバーツーの地位をキープするためには、若い世代の参入が不可欠である。数学的才能を持つ一人でも多くの若者が、この分野に参入してくれることを願っている次第である。

この本を読まれた方の中には、『特許ビジネスはどこへ行くのか』(岩波書店、二〇〇二)や『役に立つ一次式――整数計画法』(日本評論社、二〇〇五)と重複する記述――カーマーカー事件やCPLEXとOB1の確執など――があることに気付かれたはずだ。

それを承知でこれらの件について記した理由は、〈線形計画法の物語〉を書く上で省略するわけにはいかなかったこと、そして上記の本が今では手に入りにくくなったことである。

本文中でも紹介した通り、線形計画法については、おびただしい数の教科書が出版されているので、関心をもたれた方は、それらの本を手に取って頂ければ幸いである。

最後になったが、この本の草稿を読んで貴重なアドバイスを下さった、竹山協三・中央大学名誉教授と、水野眞治・東工大教授、そして出版にあたって様々な便宜を図って下さった、岩波書店の吉田宇一氏に厚くお礼申し上げる次第である。

二〇一四年二月

今野　浩

今野 浩
1940年生まれ．東京大学工学部応用物理学科卒業．スタンフォード大学OR学科博士課程修了．Ph.D.，工学博士．筑波大学助教授，東京工業大学教授，中央大学教授を歴任．日本OR学会会長を務める．現在は，工学部およびエンジニアの実態を一般の人に紹介する〈工学部の語り部〉．
主要著書は，『線形計画法』，『理財工学I，II』（日科技連出版社）及び『工学部ヒラノ教授』（新潮社）など，一連のヒラノ教授シリーズ．

ヒラノ教授の線形計画法物語

2014年3月14日　第1刷発行

著　者　今《こん》野《の》 浩《ひろし》

発行者　岡本 厚

発行所　株式会社 岩波書店
〒101-8002 東京都千代田区一ツ橋2-5-5
電話案内 03-5210-4000
http://www.iwanami.co.jp/

印刷・三秀舎　製本・牧製本

© Hiroshi Konno 2014
ISBN 978-4-00-005884-1　Printed in Japan

R〈日本複製権センター委託出版物〉 本書を無断で複写複製（コピー）することは，著作権法上の例外を除き，禁じられています．本書をコピーされる場合は，事前に日本複製権センター（JRRC）の許諾を受けてください．
JRRC　Tel 03-3401-2382　http://www.jrrc.or.jp/　E-mail jrrc_info@jrrc.or.jp

顔をなくした数学者 ——数学つれづれ　小林昭七　四六判一六二頁　本体一六〇〇円

確率論と私　伊藤清　四六判二〇六頁　本体一八〇〇円

数学者の世界　彌永昌吉　B6判二八八頁　本体二五〇〇円

数学者の20世紀 ——彌永昌吉エッセイ集1941-2000　彌永昌吉　B6判三七二頁　本体三二〇〇円

若き日の思い出 ——数学者への道　彌永昌吉　B6判二四六頁　本体二六〇〇円

怠け数学者の記　小平邦彦　岩波現代文庫　本体一〇〇〇円

ボクは算数しか出来なかった　小平邦彦　岩波現代文庫　本体九〇〇円

【岩波科学ライブラリー】数学　想像力の科学　瀬山士郎　B6判一一六頁　本体一二〇〇円

岩波書店刊

定価は表示価格に消費税が加算されます

2014年3月現在